# 山东 *12396* 农业科学技术问题 服务选编

SHANDONG 12396 NONGYE KEXUE
JISHU WENTI FUWU XUANBIAN

王剑非　王　磊　主编

U0238916

中国农业出版社

北　京

# 序 言
## FOREWORD

　　"12396星火科技热线"是国家科技部与工业和信息化部联合建立的星火科技公益服务热线。山东"12396科技热线"是由山东省农业科学院科技信息研究所与山东广播电视台乡村广播频道联合打造的一档热线栏目。山东省农业科学院科技信息研究所不断创新服务机制，形成了山东农业科技信息化服务的新优势、新亮点，有力促进了山东省信息化与农业产业的融合发展，成效显著。

　　在服务过程中，热线积累了大量的生产技术和实践方面的问题，此书还汇集了2019年夏山东潍坊遭遇暴雨洪灾、2020年春防控新型冠状肺炎疫情等突发情况后，山东"12396"专家服务团远程线上指导山东省村级12396科技信息服务站不误农时，科学恢复农业生产的一些农业关键技术。编者在充分尊重专家实际解答咨询服务的基础上，对农业生产技术问题进行了重新整理和加工。本书汇集作物、植物天敌工厂、果树、土壤肥料、畜牧兽医等的种养殖问题，希望通过这些精选的问题能更好地传播知识，为解决生产上出现的类似问题并提供参考与借鉴，更好地发挥农业科技支撑作用。

由于农业生产具有实践的现实性、复杂性，而同时专家解答是建立在问题个案的实践基础上，具有现实环境、条件及发生情况的限定性，因此，本书内容仅是对相关的技术问题提供一个解决问题的参考，切忌把专家解答当成对照执行的教条，这一点请广大读者理解。"12396科技热线"的问题主要来源于山东省内农民遇到的问题，为了节约文字，书中的咨询问题除在内容中特殊注明的以外，生产情况、问题和解答都是基于山东省农业生产的气候、农时，因此，提醒外省市的用户在进行参阅时，请考虑当地的生产实践。

为了保证问题和解答不出现偏差，向山东省村级12396科技信息服务站的站长们提供最清晰的实践参考，我们在编辑过程中，进行了文字、形式等方面的编辑加工，尽量做到简洁、通俗、科学、严谨。鉴于作者的技术水平有限，文中难免有所疏漏，敬请各位同行和广大读者不吝赐教、批评指正！

在编著过程中，该项工作得到了山东"12396"专家服务团与我院年轻科研工作者们的大力支持，为了保证对咨询问题解答的正确性、科学性和权威性，本书成稿后，曾多次恭请热线专家对本书汇集的问题进行了逐一的审阅，没有山东"12396"专家服务团的辛勤劳动就没有本书的成稿！

本书的出版得到合作单位等多方的支持与帮助，在此一并表示感谢！

编　者

2020年4月

# 目 录
## CONTENTS

序言

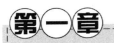

# 粮 食 作 物

## 一、小　麦

### 1. 济麦 22 的品种特性有哪些？

济麦 22 为我国目前产量潜力最高、适应性最广、年推广面积最大的冬小麦品种。

品种特性：半冬性，中熟。幼苗半匍匐，叶片较窄，起身拔节偏晚，分蘖力中等，成穗率高，亩①成穗多。穗层整齐，呈纺锤形，长芒、白壳、白粒，籽粒饱满、硬质。株型紧凑，旗叶深绿、上举，长相清秀。株高 75 厘米左右，茎秆弹性好，抗倒伏。白粉病免疫，慢条锈病，抗小麦黄花叶病，抗吸浆虫。抗寒、耐旱，水肥利用效率高。两年黄淮北片水地组区试中，平均亩穗数 40.35 万穗，穗粒数 36.55 粒，千粒重 40.35 克，成产三要素比较协调，丰产、稳产性好。

### 2. 济麦 22 适宜栽培地区有哪些？栽培中需注意什么？

（1）适宜地区。多点试验表明，该品种适宜范围广，在山东、河南、江苏、安徽、河北、天津和山西等地土地肥沃、水浇条件良

---

① 亩为非法定计量单位，1 亩＝1/15 公顷。——编者注

好的中、高产地块均可种植。

**（2）注意事项**。适时播期为 10 月中上旬，日均气温 18～16℃，亩基本苗 12 万～16 万，高产田应适当降低播量。精细整地，配方施肥，足墒播种。出苗后及时查苗补苗，浇足冬水。返青划锄、镇压。起身后至拔节期重追肥，浇足水。挑旗至灌浆中期浇足水，酌情追肥或根外施肥。还要及时防治病虫，适时收获。

### 3. 济麦 44 的品种特性有哪些？

半冬性，幼苗半匍匐，幼苗绿色，株型较紧凑，茎叶蜡质较少，旗叶长度中等、宽度中等，穗长方形，小穗数中，长芒、白壳、白粒，籽粒饱满度好，硬质，熟相好，株高 80 厘米，生育期 234 天，较对照济麦 22 早熟 3 天。亩穗数 43.45 万穗，穗粒数 35.9 粒，千粒重 43.5 克。在 2016 和 2017 年度山东省高肥组区试中平均亩产 603.7 千克/亩，较济麦 22 增产 2.25％。

### 4. 济麦 23 的品种特性有哪些？

该品种半冬性，幼苗半匍匐，起身拔节较早，分蘖力较强，成穗率高。旗叶深绿、上举，长相清秀。株型较紧凑，平均株高 80.3 厘米。穗纺锤形，长芒、白壳、白粒，籽粒饱满，硬质，熟相好。平均全生育期 235.2 天，较对照济麦 22 早 0.7 天。自然条件下，抗寒性较好，耐旱性及耐青秆能力强，高抗锈病、白粉病、叶枯病。

### 5. 济麦 23 的栽培要点有哪些？

适宜播期为 10 月中旬，日均气温 14～16℃，亩基本苗 12 万～15 万，播深 3～5 厘米。浇足冬水，返青划锄、镇压。起身期适当喷施壮丰安等植物生长调节剂，拔节期亩追施尿素 15～20 千克，同时浇足水。挑旗至灌浆酌情追肥浇水。

适宜范围：在山东省中高肥水地块种植利用。注意防治赤霉病。

## 6. 济麦 60 的品种特性有哪些？

半冬性，幼苗半匍匐，株型半紧凑，叶色深绿，叶片上举，抗倒伏性较好，熟相好。两年区域试验结果平均：生育期 229 天，熟期与对照鲁麦 21 号相当；株高 74.8 厘米，亩最大分蘖数 88.4 万个，亩有效穗数 38.5 万穗，分蘖成穗率 43.3%；穗纺锤形，穗粒数 35.4 粒，千粒重 41.5 克，容重 789.1 克/升；长芒、白壳、白粒，籽粒硬质。

2017 年中国农业科学院植物保护研究所接种鉴定结果：慢条锈病，高感叶锈病、白粉病、赤霉病和纹枯病。越冬抗寒性较好。2016 年、2017 年区域试验统一取样经农业部谷物品质监督检验测试中心（泰安）测试结果平均：籽粒蛋白质含量 13.2%，湿面筋 36.4%，沉淀值 30.5 毫升，吸水率每 100 克 64.1 毫升，稳定时间 3.4 分钟，面粉白度 73.4。

## 7. 济麦 60 的产量表现如何？

在 2015—2017 年山东省小麦品种旱地组区域试验中，两年平均亩产 460.8 千克，比对照鲁麦 21 号增产 4.4%；2017—2018 年旱地组生产试验，平均亩产 440.5 千克，比对照品种鲁麦 21 号增产 7.3%。

## 8. 济麦 60 栽培技术应注意哪些方面？

适宜播期 10 月 5～15 日，每亩基本苗 15 万～18 万。注意防治叶锈病、白粉病、赤霉病和纹枯病。其他管理措施同一般大田。

## 9. 鲁麦 229 的品种特性有哪些？

该品种属半冬性，幼苗半匍匐，植株繁茂性较好，株型半紧凑，平均株高 82 厘米左右，穗纺锤形，小穗排列紧密，长芒，白粒，角质。成熟期较济麦 22 早 2～3 天。2013—2014 年两年山东省高肥组区试中，平均亩穗数 44.5 万穗，穗粒数 38.6 粒，千粒重 36.7 克。在自然条件下，该品种感白粉病和锈病，应注意防治。

## 10. 鲁麦 229 的产量表现如何？

平均亩产 532.05 千克；在 2013—2014 年度山东省水地组区域试验中，平均亩产 592.14 千克。两年平均亩产 563.21 千克。

## 11. 鲁麦 229 栽培技术需要注意哪些方面？

**（1）冬前管理。**

①出苗后及时查苗补种，断垄地带补种后覆盖地膜；

②小雪前后及时浇越冬水，并对苗弱苗稀地带追施适量尿素，及时划除保墒。冬前适宜群体 70 万/亩左右。

**（2）春季管理。**

①早春划除保墒，一般地块不浇返青水；

②在起身期适当喷施壮丰安等生长抑制剂，有效控制基部节间伸长，预防后期倒伏；

③在拔节期施尿素 10～15 千克/亩；

④扬花后 10 天左右，酌情追肥浇水。

**（3）病虫草害防治。** 深秋、早春及时进行化学除草。在生育后期（即扬花后），结合一喷三防，做好病虫害防治工作，要特别注意及时防治白粉病和锈病。

## 12. 小麦返青镇压有什么好处？

小麦旺长在种植时经常出现，旺长会降低麦田的通透性，影响通风透光，导致小麦生长不良，降低产量。长势过旺的麦田在起身前后通过镇压可抑制地上部分生长过快，避免过早拔节，促进分蘖成穗，加速小分蘖死亡，提高成穗率和整齐度，促秸秆粗壮，增强抗倒伏能力。

### 13. 小麦在什么情况下需要镇压？如何镇压？

镇压是控制小麦旺长的有效措施，简单，效果好。镇压可用石磙或铁制镇压器或油桶装适量水碾压、人工踩踏等方法进行，通过镇压损伤地上部叶蘖，抑制主茎和大分蘖生长，缩小分蘖差距和过多分蘖发生，促使根系下扎，达到控制旺长的目的。镇压视苗情长势，旺长的麦田需要镇压2～3次，每次间隔7天左右。

### 14. 小麦返青镇压从什么时候开始？截止到什么时候？

各类麦田均可在早春地表完全解冻后，地表温度维持在3℃以上，在小麦返青至起身拔节期进行镇压，拔节后不能再进行镇压。

### 15. 小麦镇压的原则有哪些？

（1）**地湿不压地干压。**当田间土地比较湿，比如刚下过雨或刚浇过地不久，不要去镇压，等到地干以后再去，这也是基本常识，否则不利于田间作业。

（2）**阴天不压晴天压。**阴天的时候不要去镇压，建议晴天的时候去镇压，因为镇压之后的小麦，有些会出现伤口，晴天时伤口愈合得快，另外，阴天时，伤口容易感染一些病害，此时镇压起到相反的结果。

（3）**早晨不压下午压。**早上和晚上一般不建议去镇压，可以选择中午前后至下午的时间段，因为早上和晚上的温度相对较低，当镇压过后，小麦会因温度过低，导致苗弱现象，选择中午的时间段，温度相比较高，基本影响不大。

### 16. 如何做好绿色防控病虫草害？

春季化学除草的有利时机是在小麦返青期，早春气温波动大，喷药要避开倒春寒天气，喷药前后3天内日平均气温在6℃以上，日低温不能低于0℃，白天喷药时气温要高于10℃。要根据麦田杂草群落结构，针对麦田双子叶杂草和单子叶杂草，科学选择防控药剂，要严格按照农药标签上的推荐剂量和方法喷施除草剂，避免随意加大剂量造成小麦及后茬作物产生药害，禁止使用长残效除草剂如氯磺隆、甲磺隆等药剂。返青拔节期是麦蜘蛛的危害盛期，也是纹枯病、茎基腐病、根腐病等根茎部病害的侵染扩展高峰期，要抓住这一多种病虫集中发生的关键时期，以主要病虫为目标，选用合适的杀虫剂与杀菌剂混用，一次施药兼治多种病虫。

## 17. 拔节前若发生早春冻害，应如何进行补救？

早春冻害（倒春寒）是山东省早春常发灾害，特别是起身拔节阶段的"倒春寒"对小麦产量和品质影响都很大。拔节前若发生早春冻害，就要及时进行补救：①抓紧时间，追施肥料。对遭受冻害的麦田，根据受害程度，抓紧时间，追施速效化肥，促苗早发，提高2～4级高位分蘖的成穗率。一般每亩追施尿素10千克左右。②及时适量浇水，促进小麦对氮素的吸收，平衡植株水分状况，使小分蘖尽快生长，增加有效分蘖数，弥补主茎损失。③叶面喷施植物生长调节剂。小麦受冻后，及时向叶面喷施植物细胞膜稳态剂、复硝酚钠等植物生长调节剂，可促进中、小分蘖的迅速生长和潜伏芽的快发，明显增加小麦成穗数和千粒重，显著增加小麦产量。

# 二、玉　　米

## 1. 齐单805的品种特性有哪些？

齐单805株型紧凑，夏播生育期107天，红轴，籽粒黄色、半马齿型，出籽率85.1％；抗大小叶斑病弯孢叶斑病、锈病、黑粉等多种病害，中抗茎腐病，抗小斑病、弯孢叶斑病，高抗矮花叶病，感大斑病、瘤黑粉病，高感褐斑病。平均亩产659.7千克。

## 2. 齐单805玉米的栽培技术需要注意哪些方面？

齐单805适宜中高等肥力水平的地块种植，种植密度为每亩4 500株左右；科学施肥，施足底肥施用缓释肥或花期补施攻粒肥效较好；应预防过度干旱和涝渍；苗期注意防治蓟马、蚜虫、地老虎，大喇叭口期用颗粒杀虫剂丢芯，防治玉米螟虫。褐斑病高发区慎用。适用地区：该品种适宜山东省夏播玉米种植区。

## 3. 甜玉米品种鲁单801的品种特性有哪些？

株型半紧凑，夏播生育期108天，比郑单958晚熟1天，全株叶片20片，幼苗叶鞘浅紫色，花丝浅红色，花药紫色，雄穗分枝5～7个。区域试验结果：株高292.5厘米，穗位高102.6厘米，倒伏率7.1%、倒折率0.8%。果穗筒形，穗长17.6厘米，穗粗4.9厘米，秃顶1.4厘米，穗行数平均16.9行，穗粒数561粒，红轴，黄粒，半马齿形，出籽率88.4%，千粒重343.0克，容重750.1克/升。中抗小斑病、茎腐病、南方锈病和穗腐病，感弯孢叶斑病和粗缩病，高感瘤黑粉病。平均亩产757.0千克。适宜密度为每亩4 500株左右，其他管理措施同一般大田。

## 4. 甜玉米品种鲁单801的特征特性有哪些？

鲁单801株型平展，全株叶片19片，幼苗叶鞘绿色，花丝绿色，花药绿色。鲜穗采收期71天，株高255.3厘米，穗位高99.5厘米，倒伏率8.1%、倒折率0.7%。果穗圆筒形，商品鲜穗穗长18.8厘米、穗粗4.7厘米、秃顶1.1厘米、穗粒数519粒，白轴，黄粒，果皮中厚，食味品质较好。

产量表现：2015—2016年参加山东省鲜食夏玉米品种区域试验中，两年平均亩收商品鲜穗3 762个，亩产鲜穗824.3千克。

栽培技术要点：适宜密度为每亩4 000株。种植时与其他类型玉米和其他不同甜玉米品种隔离种植。施用足量的腐熟有机肥作基肥，足墒播种，加强田间管理，适期采收。

优点：综合抗病性好，玉米芳香味纯正，皮薄渣少，粒长芯细，出籽率高，加工鲜食兼用型品种。

在山东省适宜地区作为鲜食专用玉米品种种植利用。

## 5. 超甜玉米品种鲁甜105的品种特性有哪些？

该杂交种株型平展，春播生育期79天，全株叶片19～20片，幼苗叶鞘绿色，花丝绿色，花药黄色，雄穗分枝10～15个。区域试验结果：株高235.4厘米，穗位高91.7厘米，倒伏倒折率1.6%。果穗筒形，穗长19.2厘米，穗粗5.1厘米，穗行数平均17.5，穗粒数704.8粒，鲜出籽率76.3%，白轴，黄粒。

2017年参加山东省自主鲜食玉米区域试验，平均亩产量为1 073.3千克，比对照苏玉糯2号增产9.9%。2018年参加山东省自主鲜食玉米区域试验，平均亩产量为1 043.9千克，比对照苏玉糯2号增产7.37%。

适宜密度为每亩3 500～4 000株，种植时应与普通玉米及其他类型玉米隔离种植，适当多施有机肥，适期收获，其他管理措施同一般大田。

## 6. 黄糯玉米品种鲁糯005的品种特性有哪些？

株型半紧凑，春播生育期80天，全株叶片19～20，幼苗叶鞘紫色，花丝浅紫色，花药紫色，雄穗分枝5～7个。区域试验结果：株高242.4厘米，穗位高97.9厘米，倒伏、倒折率0.27%。果穗筒形，穗长21厘米，穗粗4.7厘米，穗行数平均16，穗粒数675粒，鲜出籽率68.65%，白轴，黄粒。

2017年参加山东省自主鲜食玉米区域试验，平均亩产量为1 095.8千克，比对照苏玉糯2号增产12.5%，在6个试点均增产。2018年参加山东省自主鲜食玉米区域试验，平均亩产量为1 073.5千克，比对照苏玉糯2号增产10.41%，6个试点全部增产。

适宜密度为每亩4 000株左右，种植时应与普通玉米及其他类型玉米隔离种植，适期收获。

## 7. 白糯玉米品种鲁糯008的品种特性有哪些？

该杂交种在济南地区种植播种至鲜穗采收期平均73天；株型

半紧凑，株高 260 厘米，穗位高 90 厘米；果穗筒形，果穗大小均匀，不秃尖，穗长 21 厘米，穗粗 4.7 厘米，穗行数 14，穗轴白色，白粒，粒行排列整齐。

该杂交种株高穗位整齐一致，抗玉米产区主要病害，如玉米大、小叶斑病、青枯病、锈病、黑粉病等；茎秆坚韧，植株健壮，活秆成熟。

适宜种植密度为每亩 4 000 株。种植时与其他类型和粒色玉米隔离种植。施用足量的腐熟有机肥作基肥，足墒播种，加强田间管理，适期采收。

# 三、甘　薯

## 1. 高淀粉品种济薯 25 有哪些品质特征？

该品种由山东农业科学院育成。2016 年通过国家鉴定，2015 年通过山东省审定。薯形纺锤，红皮淡黄肉。突出特点：①淀粉含量高，比对照品种徐薯 22 高 4.7 个百分点，黏度大，加工粉条不断条。②高抗根腐病、抗干旱能力突出。适合多年重茬无线虫的山地、丘陵地、平原地种植。③产量高、增产潜力大。2013—2015 年连续三年在国家甘薯产业技术体系高产竞赛中荣获特等奖和一等奖，最高鲜薯产量可达 4 100 千克/亩，薯干产量接近 1 600 千克/亩。

## 2. 优质鲜食品种济薯 26 有哪些品质特征？

该品种由山东农业科学院育成。2014 年通过国家鉴定。红皮黄肉。突出特点：①品质优良。薯肉金黄，糖化速度快，口感糯香，贮存后糯甜，既可蒸煮、烘烤，还可加工薯脯。②鲜薯产量高，适应性广，增产潜力大。2016 年，国家甘薯产业技术体系"禾下土"杯高产竞赛中，济薯 26 在河南开封、济宁邹城、河北石家庄等地鲜薯亩产分别达到 5 516 千克、5 629 千克、4 335 千克，商品率达到 85% 以上，食用品质达到 95 分以上。③抗逆能力突出。高抗甘薯根腐病，抗重茬能力突出，抗旱、耐盐碱、耐贫瘠。

### 3. 山东种植的甘薯品种都有哪些？

地瓜主要是分三大类：第一类是加工粉条（俗称打粉子）用的地瓜，主要打淀粉用的，山东的种植比例达到 60%～70%，主要品种使用的是山东农业科学院培育的济薯 25，大部分是订单种植的。第二类是鲜食性的品种，就是家庭常吃的蒸着吃的品种。第三类是紫薯。

### 4. 山东省主要的鲜食性甘薯品种有哪些？

目前，山东种植的甘薯产量高，主要原因是选择了抗病、抗旱的品种。

山东省地形以山地丘陵为主，如临沂的沂水、莒南、费县，济宁的邹城、泗水，还有泰安的新泰，这些甘薯的老产区干旱缺水、病害发生多。之前的甘薯品种——苏薯 8 号和龙薯 9 号品质不高、口感差，销售价格也比较低，已经被市场淘汰。

目前，济薯 26、烟薯 2 和普薯 32 三个品种比较好，既能兼顾种植户的利益，又能满足消费者需求。

济薯 26 由山东省农业科学院培育，目前在邹城大面积种植，一个乡镇能种植十几万亩，既抗旱，又抗根腐病，但是唯一的缺点不抗黑斑，尤其是重茬地和多年种植地瓜的土地。

什么是黑斑？就是收获的时候，能看到薯块上有一些向下洼陷的圆形或椭圆形的斑块，闻起来发苦，这就是黑斑病。要想解决，必须在种植环节的苗和种薯上控制。一是要高剪苗。种植户习惯拔苗，但这样会把病害带到作物上来，高剪苗可以把病害留在根部。二是土地种植轮作。土地种植甘薯 3～4 年，就要换新茬地来种植，降低农药用量，基本上就可以控制黑斑病的发生了。

### 5. 如何识别甘薯冻害？有什么解决办法？

冻害表现：

①严重冻害：用手攥薯块会往外流清水然后变软。

②轻微冷害：轻微受冷害但未受冻，外皮上出现圆环且发黑，颜色变深。

即使气温未降到 0℃，但所处位置的温度降至 3～4℃，就要抓紧收获，霜降前后是临界点。但是，有些种植户种植面积较大，收获时忙不过来。自认为叶子还绿着，可以再晚两天收获。这种想法是不对的，要尽早入窖，不要有侥幸心理。

另外，除了要尽早收获，还应注意不要碰破外皮，防止机械对甘薯秧的二次伤害。现在基本是用机械刨薯，操作时，带速和振动速度要调慢。

### 6. 怎么样去销售这些有商品性的薯类才能够获得高收益？

①卖相好，卖相好能吸引更多的人来买。②定价要根据品种不同而有差别。品种不一样，价格也不一样，现在市面上大多是济薯 26 和烟薯 25。③种植时，尽量不施化肥，施用饼肥和有机肥。④防控地下害虫。⑤备有储存窖。可以进行反季销售。另外，通过网络渠道销售，也可以做到高端品牌销售。

# 四、水　　稻

### 1. 山东省的水稻种植面积大吗？

山东省水稻种植面积不大，常年保持在 200 万亩左右。主要分布在济宁微山湖周围和临沂市周边。在 1949 年，种植面积在 20 万亩左右。1958 年面积达 180 万亩左右。1972 年，种植面积最高达 450 万亩。以后随着山东省降水量减少，水稻种植面积有些萎缩，现在常年保持在 200 万亩左右。尽管山东省水稻面积不大，但是品质好。山东省要稳定水稻种植面积，甚至扩大面积，就必须要依靠技术进步，尽量做到节水，尽量在盐碱地能够种植一些水稻，这样可以逐步调整种植结构。

## 2. 种植水稻一般需要一个什么样的环境条件?

水稻喜高温喜湿,但是对土壤要求不算太严格,酸性土、弱碱性土、盐碱土都能够种植。但是盐碱土种植,需要在种植水稻之前将土壤的盐分降到适合水稻生长的程度。水稻发芽一般到10℃以上就可以进行,最适温度在20～32℃。整个生育期,最适宜温度一般在30～35℃,超过40℃水稻开花就会受影响。

## 3. 传统水稻栽培技术有什么不足?

现在山东省水稻种植还是依靠人工插秧。一般一个人一天能够只能插半亩地,现在插秧一亩地成本大概需要450元。机械插秧是个趋势,现在一般在种植大户。机械插秧但是机械插秧也存在问题,第一个是整地水平比较高,旋耕以后还要整平地。然后沉浆。

## 4. 当前水稻种植新技术有哪几种?

有盐碱地水稻覆膜节水栽培技术和水稻机械化旱栽秧技术 2 种。①盐碱地水稻覆膜节水栽培技术。滨海盐碱地水稻通过覆膜穴直播;膜上灌水,进行洗盐和造墒;小水勤灌,保持土壤湿润,满足水稻生长对水分的需求,实现水稻节水栽培。②水稻机械化旱栽秧技术。稻机械化旱栽秧技术,通过水稻旱育秧,机械化旱插秧,就是在小麦收获以后的土地上旋耕两次,把土壤打疏松,用机械直接在干土中插秧苗,然后灌水。

## 5. 水稻机械旱栽秧平均每天能栽多少亩地?

水稻机械旱栽秧大约一天能够栽40亩地,栽种效率高,省时省工。盐碱地水稻覆膜节水栽培也是用机械,一天也能播50～60亩地,播完种以后,然后再去浇水,在中度盐碱地上就能够进行,是机械化覆膜,先覆膜后播种,是直接播稻种。机械化旱栽秧适合稻麦两熟区。盐碱地水稻覆膜节水栽培适合盐碱地一年一季的地区。

## 6. 这两项技术成本各是多少？

水稻机械化旱栽秧成本不高，就是正常的育秧。传统的插秧方式，无论是水田里插秧，还是在旱地里插秧，都是先浇水泡田，然后插秧，而水稻机械化旱栽秧是先插秧然后再浇水泡田，节水节能。传统方式插秧之后还要检查秧苗栽种情况，及时补种秧苗，而机械化旱栽秧是将秧苗的根部直接插入土地中，浇水之后就能成活，不需补种。一次性插秧的成活率很高。

盐碱地水稻覆膜节水栽培技术，一亩地增加50元的塑料膜，但简化了水稻育苗过程。

## 7. 水稻机械化旱栽秧与盐碱地覆膜节水栽培技术有哪些优点？

水稻机械化旱栽秧的优点是节水，在稻麦两熟区，栽秧效率高，时间短。而传统的水栽秧技术要先浇水泡田然后打田沉浆。机械化水稻旱插秧产量要比传统插秧增产了10%。

盐碱地覆膜节水栽培技术不用育苗，而且节水。直接在地里播种，覆膜可以减少水的蒸发。

## 8. 盐碱地水稻直播优质高产栽培技术品种如何选择？

选择适于黄河三角洲盐碱地直播的审定品种，生育期140～150天，如圣稻14、圣稻19、圣稻2572、盐丰47、津原E28、津原85、锦稻105等品种。晚熟品种可适当早播，早熟品种可适当晚播。

## 9. 盐碱地水稻如何整地？

整平田面是直播稻确保苗全苗匀的关键。应在冬前耕地，播种前耙地整平，旋耕1～2遍，要求土地平整，同一地块高低差不超过3厘米，推荐使用激光整平仪等设备，提高整地质量。

## 10. 盐碱地水稻如何科学灌水？

新开垦的重度盐碱地，4月下旬至5月上旬灌水洗盐压碱7～10天，盐碱重的地块洗盐碱1～2次，使含盐量降至0.3％以下。含盐量高于0.2％的采用水直播，在3叶期前保持浅水层（3～5厘米），分蘖期浅水勤灌、勤排（遇低温时夜间灌水，白天排水；遇高温时夜间排水，白天灌水），经常保持浅水层，促进分蘖；含盐量低于0.2％的可采用旱直播，播种灌水后，3～5天内将水排干或耗干，保证出苗整齐，3叶期至孕穗期，采取间歇灌水法，前水不见后水，抽穗期至扬花期保持浅水层，灌浆期采用间歇灌水法，干湿交替。

## 11. 盐碱地水稻如何科学播种？

适宜播期为5月中下旬。直播方式主要是撒播和条播。撒播容易出现种子分布不匀，稻株通风透光条件不良，不利于田间管理；条播适宜于机械化，适于密植，也适于中耕除草及其他田间管理，一般行距22～25厘米，播幅8～10厘米。机械水直播时稻田表面保持瓜皮水，以利于播种机行走。播前用25％咪鲜胺乳油或17％杀螟·乙蒜素等浸种2～3天，防治恶苗病和干尖线虫病等病害。水稻种催芽（露白）后播种，亩播量干种9.0～12.5千克，旱直播播种深度1～2厘米。

## 12. 盐碱地水稻如何科学施肥？

结合耙地，亩施腐熟有机肥1 500千克、磷酸氢二铵15～20千克或复合肥30千克。也可在播种时用种肥一体播种机将化肥施入。盐碱重的地块洗碱整平后施入化肥。苗期追肥宜早不宜迟，3叶期施尿素8千克、磷酸氢二铵5千克，10天后施尿素7.5千克、磷酸二铵4.5千克，拔节期施尿素10千克，根据田间长势，施穗肥5千克左右。

也可使用水稻专用控释肥：每亩视产量水平施含腐殖酸控释肥

（硫酸钾型 N-P$_2$O$_5$-K$_2$O：25-15-6，控释氮含量大于 12，控释期 3 个月，腐殖酸含量≥3％）50～70 千克作基肥，整地前一次性施入，保证肥料埋入土壤。

### 13. 盐碱地水稻如何旱直播化学除草？

封闭处理：灌水后苗前用 40％噁草·丁草胺乳油 110～125 毫升等，每亩兑水 30～40 升，均匀喷雾。

茎叶处理：在杂草 2～5 叶期（与封闭用药间隔约 20 天，水稻 3 叶期前后），茎叶均匀喷雾。对土壤封闭未杀死的杂草进行补杀。

以稗草和千金子等禾本科杂草为优势种群的地块，每亩可选用 10％氰氟草酯乳油 50～70 毫升，或 10％噁唑·氰氟乳油 100～150 毫升，或 36％苄·二氯可湿性粉剂 40～60 克等。

以阔叶杂草和莎草科杂草为优势种群的地块，每亩可选用 25 克/升五氟磺草胺可分散油悬浮剂 40～80 毫升，或 480 克/升灭草松水剂 150～200 毫升，或 10％吡嘧磺隆可湿性粉剂 10～20 克等。

禾本科杂草及阔叶杂草均较多的地块，每亩可选用 10％噁唑·氯氟乳油 100～150 毫升，或 20％噁唑·灭草松微乳剂 210～240 毫升，或 60 克/升五氟·氰氟草可分散油悬浮剂 100～150 毫升等。

### 14. 盐碱地水稻如何水直播化学除草？

在稻苗 1 叶 1 心至 4 叶期，每亩可选用 35％丁·苄可湿性粉剂 140～160 克，或 30％丙·苄可湿性粉剂 80～100 克等，兑水喷雾，药后 1～2 天复水。

此后根据田间草情，杂草较多时可再进行一次茎叶处理。每亩可以选用 10％氰氟草酯乳油 100～167 毫升，或 25 克/升五氟磺草胺可分散油悬浮剂 40～80 毫升，或 36％苄·二氯可湿性粉剂 40～60 克等。

### 15. 盐碱地水稻如何防治稻瘟病？

田间初见病斑时施药控制叶瘟，破口前 3～5 天施药预防穗颈瘟，气候适宜病害流行时 7 天后第二次施药。每亩选用有效成分含量 1 000 亿芽孢/克枯草芽孢杆菌可湿性粉剂 15～20 克，或 20％三环唑可湿性粉剂 75～100 克，或 40％稻瘟灵乳油 75～110 毫升等。

## 16. 盐碱地水稻如何防治纹枯病？

分蘖末期封行后和穗期病丛率达到 20％时及时防治。每亩选用 2％井冈·8 亿芽孢/克蜡芽菌悬浮剂 160～200 毫升，或 30％苯甲·丙环唑乳油 15～20 毫升，或 50％氟环唑悬浮剂 12～15 毫升，或 240 克/升噻呋酰胺悬浮剂 20～25 毫升等。

## 17. 盐碱地水稻如何防治稻曲病？

在水稻破口前 7～10 天（水稻叶枕平时）施药预防，如遇多雨天气，7 天后第二次施药。可与纹枯病兼防，防治药剂同纹枯病。

## 18. 盐碱地水稻如何防治红线虫？

防治时期为 5 月中下旬，防治药剂每亩可选用 10％醚菊酯悬浮剂 80～100 克，或 20％氰戊菊酯乳油 30～40 克等，兼治稻水象甲、稻飞虱等。

## 19. 盐碱地水稻如何防治二化螟？

二化螟：一年发生 2 代，6 月中旬为 1 代幼虫盛发期，8 月上中旬为 2 代幼虫盛发期，分蘖期在枯鞘丛率 8％～10％或枯鞘株率 3％时施药，穗期于卵孵化高峰期重点防治上代残虫量大、当代螟卵盛孵期与水稻破口抽穗期相吻合的稻田。

盐碱地水稻如何防治稻纵卷叶螟？

稻纵卷叶螟：一年发生 2～3 代，重点防治 2、3 代幼虫，生物农药防治适期为卵孵化始盛期至低龄幼虫高峰期。每亩可选用有效成分含量 8 000 国际单位/微升苏云金杆菌悬浮剂 200～400 毫升，或 200 克/升氯虫苯甲酰胺悬浮剂 5～10 毫升，或 1％甲氨基阿维菌素苯甲酸盐微乳剂 75～100 毫升，或 40％甲维·毒死蜱乳油

20～40 毫升等。兼治大螟、黏虫等害虫。

## 20. 盐碱地水稻如何防治飞虱？

8 月中旬至 10 月上旬易发生飞虱危害，根据田间发生情况及时防治。每亩可选用 25％吡蚜酮可湿性粉剂 10～12 克，或 25％呋虫胺可湿性粉剂 20～24 克，或 50％烯啶虫胺可溶性粉剂 5～6 克等。

施药方法：将所选择药剂按剂量每亩兑水 40～50 升喷雾，防治纹枯病和飞虱危害时应注意稻丛基部的喷雾。施药应避开高温和强光照时段。药后保持 3～5 厘米水层 2～3 天。药后 24 小时内遇雨须补治。

## 21. 滨海盐碱地水稻冬前秸秆还田工作需要注意什么？

（1）作业前的准备工作。作业前 3～5 天对田块中的沟渠、垄台予以平整，田间不得有树桩、水沟、石块等障碍物，并将水井、电杆拉线等不明显障碍做标记，以便安全作业。土壤含水率应适中（以不陷车为宜），并对机组有足够的承载能力。

（2）收获。选用配有秸秆切割装置、还田效果好的水稻联合收割机，一次进地完成水稻收获和秸秆粉碎作业。

（3）秸秆粉碎。水稻机械收获后，要求留茬高度 8 厘米以下，秸秆粉碎至 5 厘米以下。留茬过高、秸秆粉碎达不到要求时，应采用秸秆粉碎效果好的打茬机进行秸秆粉碎作业。秸秆粉碎长度合格率≥85％。粉碎后秸秆应均匀抛撒、严防堆积。

（4）施用秸秆促腐剂。秸秆粉碎后，将尿素及时均匀地撒到秸秆上，并及时翻耕入土。以每 100 千克秸秆施 1 千克纯氮为宜，秸秆重量可按谷草比 1∶1 估算。建议施用秸秆腐熟剂，秸秆粉碎后与尿素混合后施用。秸秆腐熟剂应选用正规厂家生产的、秸秆腐熟效果好的产品，施用量参考说明书。

（5）及时耕翻。中度和轻度盐碱地（全盐含量≤0.3％）秸秆粉碎后直接翻耕，耕深 25～30 厘米，翻垡均匀，扣垡平实，不露秸秆，覆盖严密，无回垡现象，不拉钩，不漏耕。重度盐碱地（全盐含量＞0.3%）秸秆粉碎后旋耕1～2遍，不扰乱地表耕作层，减少返盐。

## 22. 滨海盐碱地水稻种植前后配套措施需要注意哪些？

**（1）淡水压盐洗碱。** 新开垦的重度盐碱地，4月下旬至5月上旬灌水洗盐压碱7～10天，盐碱重的地块洗盐碱1～2次，使含盐量降至0.3%以下。洗盐后含盐量高于0.2%的宜采用移栽种植。

**（2）施足基肥。** 结合耙地，每亩施磷酸氢二铵20千克或复合肥30千克左右。也可在播种时用种肥一体播种机将化肥施入。盐碱重的地块洗碱整平后施入化肥。

**（3）翻耕平地。** 撒施基肥后随即旋耕，耕深15～20厘米，耙透耢平后保墒待播。盐碱重的地块洗盐施肥后，可用水耙耙透耢平，等待移栽。

**（4）水层管理。**

①旱直播。播种后灌跑马水，如遇大雨，应保证灌水后3天内将水耗干或排干。抽穗期至扬花期保持浅水层，其余时期均采用间歇灌水法即可。

②移栽。浅水插秧，深水护苗，秧苗醒棵后及时脱水露田，排出毒气，尽可能自然耗干，以减少养分流失。抽穗期至扬花期保持浅水层，其余时期均采用间歇灌水法即可。

**（5）追肥。** 应在水稻追肥时减除掉已施用的尿素量，水稻各生育期追施比例不变。

## 23. 水稻主要病虫草害及防治方法有哪些？

**（1）主要病害。** 恶苗病、基腐病、纹枯病、稻瘟病、稻曲病等。

防治方法：浸种、合理密植、防治适期的喷药防治。

**（2）主要害虫。** 稻飞虱、稻蓟马、螟虫、稻纵卷叶螟等。

防治方法：生态诱集、物理诱控（性诱剂）、生物防治、药剂防治。

（3）主要杂草。稗草、千金子、莎草、鳢肠、鸭舌草、节节菜、马唐、牛筋草等。主要分封闭除草和茎叶处理。重点做好封闭除草工作，把握好施药时期。后期长出的杂草采用茎叶处理，选择正规厂家的、效果好的药剂，杂草2～3叶期施药。

防治方法：化学防除（一封、二杀、三补）；绿色防除方式（稻鸭共养、稻蟹共养、稻虾共养等）。

## 24. 水稻生长期病虫害如何防治？

**（1）播种前。**

①预防恶苗病、稻瘟病。可选用25％咪鲜胺乳油1 000倍液浸种2～3天，带药播种。

②预防基腐病。可选用硫酸链霉素可溶粉剂3 000倍液或20％噻菌铜悬浮剂1 000倍液浸种48小时后催芽。

**（2）5～6月。**

①土壤处理，防治杂草。可选用40％苄嘧·丙草胺可湿性粉剂60克/亩或35％苄嘧·丁草胺可湿性粉剂60克/亩。直播田于播后2天内，机插秧田于插秧后5～7天（缓苗后），拌土或拌肥撒施。

②防治稻飞虱和稻蓟马。于秧田期喷施10％吡虫啉可湿性粉剂20克/亩、25％噻虫嗪水分散粒剂4克/亩。

③防治红线虫、稻水象甲。可选用4.5％高效氯氰菊酯乳油300毫升/亩或20％丁硫克百威乳油200毫升/亩或50％稻乐丰乳油300毫升/亩。直播田于播种时撒施，机插秧田于移栽后7～14天（缓苗后）撒施。

**（3）6～7月。**杂草3～5叶期，根据杂草发生情况选用相应药剂进行茎叶喷雾。选用25％二甲·灭草松水剂900毫升/亩或60％五氟·氰氟草酯可分散油悬浮剂150克/亩或38％苄嘧唑草酮可湿性粉剂（欧特）10克/亩或40％灭草松水剂200毫升/亩。

**（4）8～9月。**

①预防穗颈瘟病、稻曲病。可选用75％肟菌酯·戊唑醇水分

散粒剂 15 克/亩、30％已唑·稻瘟灵乳油 60～80 毫升/亩于破口前 5～7 天第一次施药、齐穗期第二次施药。

②防治稻纵卷叶螟、二化螟、稻苞虫。

化学防治：可选用 2％甲氨基阿维菌素苯甲酸盐微乳剂 10 毫升/亩、20％氯虫苯甲酰胺悬浮剂（康宽）10 毫升/亩、5％阿维菌素微乳剂 30 毫升/亩喷施。

物理防治：性诱剂，每亩 1 套装置，每套装置 1 个诱芯，每月更换一次。

生物防治：释放赤眼蜂，7 月下旬至 9 月中旬，分 4 次释放稻螟赤眼蜂卵卡，每张卵卡 1 000 头蜂，每次每亩的放蜂量在 8 000 头左右。

生态诱集：在水稻田埂种植香根草，每亩地 240 棵。

③防治稻飞虱和稻蓟马。可喷施 10％吡虫啉可湿性粉剂 20 克/亩、25％噻虫嗪水分散粒剂 4 克/亩。

## 25. 水稻除草剂正确使用方法需注意哪些问题？

根据田块土壤条件、水源状况、栽插田等不同特点，合理使用除草剂，才能达到最佳除草、长禾效果。

①耕耙栽禾田，力求平整，以防止水浅处生长杂草、水深处禾苗受伤。

②把握栽后 5～7 天使用除草剂，以水不淹没心叶为原则，田间水深 3～4 厘米，保持 4～5 天。

## 26. 当前水稻施肥存在哪些问题？

①化肥施用量大、管理粗放。
②肥料种类。对硅、锌等中微量元素重视不够。
③施肥方法。以人工撒施为主，机械化水平低。

## 27. 水稻过量施肥有哪些后果？

作物：养分失衡、加重病虫害的发生程度、贪青晚熟、产量和品质降低。

环境：降低肥料利用率，加重环境污染。

土壤：导致土壤酸化板结。

## 28. 水稻主产区施肥有哪些建议？

（1）东营稻区。亩施磷酸氢二铵30千克左右，追施尿素25千克左右。钾肥不要选用氯化钾，建议选用硫酸钾，亩施10~15千克，隔1~2年施一次。建议秸秆还田，尿素基肥占20%，返青肥占20%，分蘖肥占25%，穗肥占35%。磷肥全部基施；钾肥分基肥（占50%）和穗肥（占50%），两次施用。

（2）济宁、临沂稻区。亩施尿素35~40千克、过磷酸钙（$P_2O_5$ ≥12%）50千克、氯化钾或硫酸钾（$K_2O$≥50%）10千克左右。作物秸秆全量还田，氮肥基肥占40%，返青肥占10%，分蘖肥占25%，穗肥占25%。磷肥全部基施；钾肥分基肥（占50%）和穗肥（占50%）两次施用。也可施用复合肥50千克，追施尿素20~25千克。

（3）建议同一地区，直播比移栽减施肥料10%~20%。

（4）大面积种植的田块，建议采用撒肥机撒施，一是将人从繁重的劳动中解脱出来，二是提高肥料撒施的均匀度，提高肥效。

（5）缓控释肥的问题。建议根据苗情，幼穗分化期（7月下旬）补施尿素5千克左右。

## 29. 水稻硅、锌等中微量元素的施用需注意什么？

原则：缺肥的时候施用。

硅肥：缓效硅肥40~50千克/亩或速效硅肥5千克/亩，长期秸秆还田地块可减施或不施硅肥。

锌肥：硫酸锌1~1.5千克/亩，2~3年1次。

注意事项：不与磷肥混用。

## 30. 土壤培肥的主要手段有哪些？

增施有机肥（生物有机肥）：成本高，推广难度大。

绿肥-水稻轮作种植：可以在东营一季春稻区实施，可选用的绿肥品种有毛叶苕子、二月兰、小黑麦、绿肥油菜等。

秸秆还田：推广价值最高，可在山东省稻区大面积推广。

## 31. 秸秆还田的意义？

①解决了秸秆的出路问题。
②增加土壤有机质。
③改善土壤结构。
④提高土壤对养分的缓冲性能，提高肥料利用率。
⑤减少化肥的施用，降低成本。

## 32. 水稻秸秆还田过程中存在的问题？

①影响插秧。影响插秧的原因：一是秸秆粉的不够碎，二是秸秆扎堆，分散不开，还田后不能与土壤充分混合。

②还田后易造成僵苗。僵苗的原因：一是稻苗缺肥，因为秸秆腐解前期需吸收大量氮肥；二是秸秆腐解产生的甲烷、氧化亚氮等有毒气体不能顺利排出，造成毒气伤根。

③易加重病害发生程度。加重病害发生的原因：使用含有病菌的秸秆还田，应使用无病健壮的植株秸秆还田，防止传播病菌，加重下茬作物病害。

## 33. 水稻秸秆还田的方法有哪些？

前茬作物收获后再用打茬机将秸秆粉碎1～2遍，粉碎至3～5厘米，甚至更细，补施尿素10千克左右，追肥时减除，然后用旋耕机旋耕两遍，使秸秆与土壤充分混合。在插秧后10～15天，及时晾田，排出毒气，尽可能自然耗干，以减少养分流失。

# 经济作物

## 一、棉　花

### 1. 鲁棉532品种特性有哪些?

单价转抗虫基因常规夏棉品种,生育期97～100天。植株塔形、株型松散,株高71.5～77.1厘米;叶片掌状,中等大小,叶色草绿;茎秆茸毛较少;铃卵圆形,中等大小,结铃性较好;平均第一果枝节位4.8～5.4节,单株果枝数9.7～10.6个,单株结铃10.1～10.7个,单铃重5.8～6.1克。霜前花率91.7%～94.9%;吐絮畅,易收摘,纤维色泽洁白,高抗枯萎耐黄萎病。

### 2. 鲁棉532产量表现如何?

2015年在山东省夏棉区域试验,平均亩产籽棉、皮棉和霜前皮棉分别为212.2千克、89.3千克和84.7千克。2016年续试,平均亩产籽棉、皮棉和霜前皮棉分别为217.5千克、81.5千克和75.2千克,2017年参加夏棉生产试验,平均亩产籽棉、皮棉和霜前皮棉分别为224.2千克、86.6千克和76.8千克。

### 3. 鲁棉532栽培技术要点有哪些?

播期和密度:5月15日至6月5日播种,一般5月中下旬小麦、油菜地套种,或瓜、菜、薯等收后直播种植,尤以大蒜、马铃薯等茬口更为适宜，也可于5月上旬营养钵育苗，6月初麦（油）后移栽。根据当地生态条件和地力情况，肥水充足的上等棉田一般5 000株/亩左右，中等地力棉田6 000株/亩左右，地力较薄或水浇条件差的棉田7 000株/亩以上。

**（1）田间管理。**在施足基肥的基础上，重施花铃肥、酌施盖顶肥，提倡亩施25千克复合肥（氮、磷、钾含量分别在15％、15％和15％）作底肥；见花重施肥，亩施尿素15千克、硫酸钾或氯化钾10千克；该品种易管理，赘芽少，可以简化整枝，全生育期整枝1～2次，也可在现蕾后粗整枝一次；根据田间长势和天气情况，盛蕾至花铃期化控2～3次；一般在7月15～20日打顶。

**（2）病虫害防治。**对棉铃虫抗性强，要重视对蚜虫、红蜘蛛、白粉虱、绿盲蝽等刺吸式口器害虫的防治。

### 4. 鲁棉2387品种特性有哪些？栽培技术需要注意哪些方面？

**（1）品种特性。**属转基因早熟品种。出苗快，前期发育快、长势旺。植株紧凑、塔形。叶片中等大小，叶功能较好。铃卵圆形，吐絮畅，早熟性好。区域试验结果：生育期105天，株高83厘米，第一果枝节位5.5个，果枝数11.3个，单株结铃11.3个，铃重5.6克，霜前衣分41.1％，籽指10.5克，霜前花率94.0％，僵瓣花率4.7％。2015—2016年山东省棉花研究中心抗病虫性鉴定：高抗枯萎病，耐黄萎病，高抗棉铃虫。

在2015—2016年全省中熟棉花品种区域试验中，籽棉、霜前籽棉、皮棉、霜前皮棉平均亩产分别为238.5千克、221.0千克、97.4千克和91.5千克；

2017年生产试验籽棉、霜前籽棉、皮棉、霜前皮棉平均亩产分别为240.3千克、222.4千克、100.6千克和93.5千克。

**（2）栽培技术。**适宜播期5月25日前后，适宜密度为每亩5 000～6 000株。其他管理措施同一般大田。

### 5. 鲁杂 2138 品种特性有哪些？

为转基因抗虫三系杂交种。全生育期 125 天，株高 117 厘米，出苗好，前期长势较强、发育快，中后期长势稳健。植株较紧凑，茎秆较坚韧光滑，叶片中等大小，叶功能较好，赘芽少，易管理。开花结铃中，铃卵圆形、较大，吐絮畅，含絮适中。高抗枯萎病、耐黄萎病、高抗棉铃虫。

## 6. 鲁杂 2138 的产量如何？

在 2014—2015 年山东省中熟棉花品种区域试验中，籽棉、霜前籽棉、皮棉、霜前皮棉平均亩产分别为 339.3 千克、318.1 千克、145.1 千克和 136.6 千克。

## 7. 鲁杂 2138 的栽培技术有哪些？

（1）**播种与密度。**适宜播期 4 月 18～28 日，适宜密度为每亩 2 200～2 800 株。

（2）**田间管理。**施足底肥、重施花铃肥。如遇伏旱应及时浇水，防早衰；根据棉花长势及天气情况适度化控，一般蕾期、初花期和盛花期各化控 1 次；管理上注意促早栽培、生长调节、防治旺长。其他管理措施同一般大田。

（3）**适用地区。**适于黄淮流域棉区中上等地力棉田春套或春直播种植。

## 8. 鲁棉 418 品种特性有哪些？

单价转基因抗虫常规春棉品种，生育期 113～118 天。植株塔形，茎秆粗壮果枝夹角较小，较松散，株高 111.8～129.3 厘米；叶片掌状，叶色绿，铃卵圆形，中等大小，有钝尖；赘芽少，易管理叶片掌状，中等大小，叶色深绿；结铃性较强，铃卵圆形，中等大小；吐絮畅较集中，易收摘，纤维色泽洁白。高抗枯萎病，耐黄萎病。平均亩产籽棉、皮棉和霜前皮棉分别为 266.3 千克、110.2

千克和 105.5 千克。

## 9. 鲁棉 418 的栽培技术有哪些？

（1）**播种与密度。**黄河流域棉区春直播一般在 4 月 25～30 日，地膜覆盖播期 4 月 15～25 日为宜，麦棉套种育苗期为 4 月 5～15 日，移苗时间为 5 月 10～20 日；亩种植密度，高肥水地块 2 800 株/亩、中等水肥地块 3 000 株/亩、旱薄地 3 500 株/亩。

（2）**田间管理。**施足底肥、重施花铃肥。如遇伏旱应及时浇水，防早衰；根据棉花长势及天气情况适度化控，一般蕾期、初花期和盛花期各化控 1 次；管理上注意促早栽培、生长调节、防治旺长。

（3）**虫害防治。**二代棉铃虫一般年份不需防治，三、四代棉铃虫当百株 2 龄以上幼虫超过 5 头时，应及时防治。全生育期注意及时防治棉蚜、盲蝽象、烟粉虱和棉叶螨等虫害。

# 二、花　　生

## 1. 花育 6801 花生的品种特性如何？

属中间型早熟小粒种。株型直立，连续开花。叶片中等大小、椭圆形、绿色。株高中等，主茎高 37.1 厘米、侧枝长 41.3 厘米。单株分枝数 7.4 个、结果枝 6.1 个、总果数 16.3 个、饱果数 13.5 个，单株生产力 20.1 克。荚果普通形，网纹中等，种仁椭圆形。百果重 162.0 克、百仁重 71.2 克，出仁率 77.7%，荚果饱满度 71.4%。种仁含油量 59.33%，蛋白质含量 23.20%。种子休眠性和抗倒性较强，耐旱性强，中抗叶斑病，高感青枯病、但抗性强于对照。适用于山东省非青枯病花生产区种植。平均亩产 309.03 千克；籽仁平均亩产 239.45 千克。

## 2. 花育 6801 花生栽培技术需要注意哪些方面？

（1）**播种时间。**3 月下旬至 5 月上旬播种为宜，麦套栽培宜在麦收前 25～30 天播种，夏直播宜在油菜或小麦收后及时播种。

**（2）栽种密度。** 以大垄双行栽培或宽窄行栽培为好，每亩 8 000～10 000 窝、每窝两苗，单株栽培每亩 15 000 株左右。

**（3）施肥要点。** 坡台地重氮轻钾、沙壤土重钾轻氮。施足基肥，苗期追施一定数量的速效肥。底肥做到种肥隔离，追肥在初花期前施用。药剂拌种防治地下害虫及病害，保证一播全苗和壮苗，盖种后迅速喷药除草。

**（4）** 生育期间加强开沟排水，防止湿涝害；生育中后期加强叶部病虫防治，及时抗旱，适时收获。

### 3. 花育 6301 的品种特性有哪些？

属珍珠豆型小花生。荚果茧形，网纹稍浅，果腰粗浅，籽仁桃形，种皮粉红色，内种皮白色，连续开花。区域试验结果：春播生育期 130 天，主茎高 46.0 厘米，侧枝长 51.3 厘米，总分枝 8.1 条；单株结果 21 个，单株生产力 19.7 克，百果重 153.2 克，百仁重 61.3 克，千克果数 818 个，出米率 74.3%。蛋白质含量 23.93%，脂肪 51.94%，油酸 48.20%，亚油酸 31.90%。感叶斑病。

### 4. 花育 6301 的产量表现如何？栽培技术要点有哪些？

两年区域试验平均亩产荚果 365.1 千克、籽仁 271.6 千克。

在山东省适宜地区作为春播小花生品种种植利用。适宜密度为每亩 10 000～11 000 穴，每穴两粒。其他管理措施同一般大田。

### 5. 鲜食早熟型高产花生新品种花育 9515 的品种特征有哪些？

株型直立，疏枝，连续开花。主茎高 45～50 厘米，侧枝长 50～54 厘米，总分枝数 9～10 条。单株结果数 18 个，单株生产力 22 克。叶色浅绿，结果集中。荚果多粒串珠形，网纹较明显，籽仁红色，籽仁无裂纹。百果重约 240 克，百仁重约 80 克，出米率 72.5%。籽仁粗脂肪含量 48.93%，蛋白质含量 26.2%，油酸/亚油酸比值（O/L）1.05。该品种属早熟直立多粒花生，生育期 110 天左右。抗旱性中等。休眠性较弱。

### 6. 花育 9515 的产量表现如何？

第一生长周期荚果亩产 256.9 千克，籽仁亩产 185.3 千克，分别比对照四粒红增产 15.8% 和 13.9%；第二生长周期亩产 297.4 千克，籽仁亩产 219.1 千克，分别比对照四粒红增产 12.9% 和 10.2%。

### 7. 花育 9515 的栽培技术要点有哪些？

①播前 5 天 5 厘米日均地温 12℃ 时为播种适期；②播种密度每亩 0.8 万～0.9 万穴，双粒，地膜覆盖；③中等以上的沙壤土，前茬作物或冬耕时要施足基肥；④生育期短，适宜于鲜食和夏播；⑤生育期间注意防治病虫害，旱涝条件下注意排灌；⑥休眠性较弱，荚果膨大期避免干旱，同时成熟时要及时收获，防止烂果和芽果。

### 8. 鲜食晚熟型高产花生新品种花育 917 的品种特性有哪些？

生育期约 140 天。株型小匍匐，株高 36.0 厘米，第一对侧枝长 45.8 厘米，总分枝数 14.3 条，结果枝数 10.0 条。叶片倒卵形，叶色绿。连续开花，花橘黄色。荚果普通形，网纹深，种仁椭圆形，种皮粉红色，无油斑，无裂纹，斤果数 311 个，斤仁数 476 个，百果重 278 克，百仁重 96 克。粗脂肪含量 55.4%，粗蛋白质含量 22.6%，油酸含量 79.3%，亚油酸含量 0.7%。出苗整齐，苗期长势强，生长稳健，种子休眠性中等，抗旱性中等，耐涝性中等。

## 9. 花育 917 花生的产量如何？

2014 年品种比较试验，荚果平均亩产 376.7 千克，籽仁平均亩产 247.9 千克，分别比对照种花育 33 号增产 17.7％和 14.6％。2015 年品种比较试验，荚果平均亩产 267.7 千克，籽仁平均亩产 165.4 千克，分别比对照种花育 33 号增产 11.2％和 14.1％。

## 10. 花育 917 花生技术要点有哪些？

①花育 917 的春播播种时间为 5 月上旬，不宜早播（5 厘米地温连续 5 天 19℃）；夏直播为 6 月上旬为宜；②适合单粒精播，最好采用覆膜栽培，春播适宜密度为 7 000 穴左右，每穴 1 粒；③夏播时，前茬作物要施足基肥，生育后期可根据花生长势情况叶面施肥；④生育期间注意防治蚜虫、棉铃虫和网斑病褐斑病等病虫害，旱涝条件下注意抗旱排涝；⑤成熟时及时收获；⑥收获后，保证在 5 天内使荚果含水量降至 10％以下，籽仁含水量降至 8％以下。

# 三、中 草 药

## 1. 百合种植需要注意哪些要点？

百合生长地下部分的母鳞茎分生的子鳞茎，近球形，由鳞片和短缩茎组成。年平均温度 8～12℃，无霜期 150～200 天，年平均降水量 800～900 毫米。生长期平均降水时间 90～100 天，年平均日照 2 200～2 600 小时。根系发达、底盘完好、鳞片抱合紧密、新鲜、色泽洁白、无损伤、无病虫害、无混杂、无变异。选择土壤肥沃、地势高爽、排灌方便、土质疏松的沙壤土。前茬作物为豆科或禾本科植物，不宜连作。

8 月，每亩施有机肥 1 500～2 500 千克、三元素复合肥（15-15-15）50 千克，深翻细耙 2～3 遍，深度为 25 厘米。起垄，垄宽 110～120 厘米，垄高 20～25 厘米，作业道宽 30 厘米，过长的床应每 10 米开一横沟。采用鳞片繁殖生产 1 年的鳞茎,按鳞茎繁殖方法培育 1 年,生产的较大的鳞茎作为种球应用于大田生产。将鳞片放入多菌灵或克菌丹水溶液中浸泡 30 分钟,捞出,阴干表面水分。在床面上按行距 15 厘米开浅沟,将鳞片基部向下按株距 5 厘米均匀放入沟内,覆土 3 厘米,再覆草 5 厘米。追肥 2 次,第一次追肥在苗高 10 厘米左右时,叶面喷施 0.5％尿素和微量元素;第二次在 6 月中旬,每亩追施复合肥 30 千克,也可用 0.2％磷酸二氢钾叶面喷施。干旱时及时浇水,雨季注意排水防涝。5～6 月,除选作留种外,花蕾出现时及时摘除。

## 2. 百合病虫害有哪些?防治措施有哪些?

**(1) 病害。**

①立枯病防治。及时拔除病株,病区用 50％石灰乳消毒处理。出苗后用 50％多菌灵可湿性粉剂 1 000 倍液或 70％噁霉灵 1 000～1 500 倍液喷雾,每隔 7～10 天喷一次,连喷 2～3 次。

②灰霉病防治。用 30％碱式硫酸铜悬浮剂 400 倍液(或 36％甲基硫菌灵悬浮剂 500 倍液)和 50％速克灵可湿性粉剂 2 000 倍液交替喷雾,或用 10％多氧霉素 1 000～1 500 倍液喷雾,每隔 7～10 天喷一次,连喷 2～3 次。

③软腐病防治。用农用硫酸链霉素 5 000 倍液,或新植霉素 5 000 倍液灌根和喷洒叶面,每次每株灌 2～3 千克,每隔 7～10 天喷一次,连喷 2～3 次,以喷湿叶面至滴水为宜。

④疫病防治。发病初期,用 25％甲霜灵可湿性粉剂 2 000 倍液或 70％噁霉灵 1 000～1 500 倍液喷雾。

⑤炭疽病防治。栽前采用 1:500 的克菌丹溶液浸种球 30 分钟,或用 1:500 的代森锌溶液喷洒种球。

**(2) 虫害。**金龟子。采用 90％敌百虫晶体 1 000 倍液或 50％辛硫磷乳剂 1 000～1 500 倍液喷雾,每隔 7～10 天喷一次,连喷 2～3 次。

### 3. 金银花主要病虫害有哪些？

山东省严重危害金银花生产的病虫害主要有：蚜虫（胡萝卜微管蚜 *Semiaphis heraclei* Takahashi 和中华忍冬圆尾蚜 *Amphicercidus sinilonicericola* Zhang）、金银花尺蠖（*Heterolocha jinyinhuaphaga* Chu）、棉铃虫（*Helicoverpa armigera* Hubner）、忍冬细蛾（*Phyllonorycter lonicerae* Kumat）、咖啡虎天牛（*Xylotrechus grayii* White）、金银花枝枯病（*Fusarium* sp.）、金银花（忍冬）白粉病［*Microsphaera lonicerae*（DC.）G. Winter］和金银花（忍冬）褐斑病（*Cercospora rhamni* Fuckel）。

### 4. 金银花在休眠期如何防治虫害？

**（1）清洁田园。** 秋末清除地面枯枝落叶；忍冬细蛾发生严重的地区，注意清理植株上的带虫老叶，深埋或烧毁。及时清理死树，深翻土壤，降低越冬的病虫基数。

**（2）冬剪。** 在秋末植株落叶后至春季发芽前进行修剪，剪除病枝、带虫枝及枯老枝，妥善销毁，以降低越冬病虫源基数。

### 5. 金银花如何进行枝干保护？

修剪后及时对枝干喷施或涂抹保护剂。可喷施 3～5 波美度石硫合剂，或进行枝干涂白（用生石灰 10 千克、硫黄粉 1 千克、食盐 0.2 千克，加水 30～40 千克搅拌均匀），不仅能杀死在枝干上越冬的蚜虫、螨类、介壳虫和病原菌，还能预防冻害。

### 6. 金银花如何喷施保护剂？

花前可喷施 0.3～0.5 波美度石硫合剂，或 50% 硫黄悬浮剂 300 倍液。适时修剪整形，宜在每茬花蕾采摘后进行修剪，剪除徒长枝、细弱枝、下垂枝、无效的结花母枝及病虫枝，并带至地块外销毁。早春及时清除植株主干基部萌发的不定芽。

### 7. 如何生物防治金银花尺蠖和棉铃虫等害虫？

在金银花尺蠖和棉铃虫小龄幼虫期，可使用苏云金杆菌可湿性粉剂100～200倍液，喷雾防治。用0.3％苦参碱水剂150毫升/亩，加水稀释300倍，喷雾防治，可防治蚜虫并兼治金银花尺蠖1～3龄幼虫。在金银花生长期间，田间安装杀虫灯，可诱杀金银花尺蠖、棉铃虫、金龟甲等多种害虫的成虫。

### 8. 如何防治金银花蚜虫？

**（1）根区施药。** 金银花发芽后，可选用25％噻虫嗪水分散粒剂160～200克/亩，或25％吡虫啉可湿性粉剂160～200克/亩，与适量细土拌匀，环形沟施或多点穴施，施后覆土，浇透水，可持续控制蚜虫2个月左右，并兼治地下害虫蛴螬和金针虫。施药后20天可采花。

**（2）喷雾防治。** 采花后用25％噻虫嗪水分散粒剂15克/亩，或10％吡虫啉可湿性粉剂40克/亩，或2.5％氯氟氰菊酯乳油50毫升/亩，分别加水稀释1 000～3 000倍喷雾。施药后20天可采花。

### 9. 如何防治金银花尺蠖？

采花后用1％甲维盐乳油30毫升/亩，或2.5％多杀菌素悬浮剂30毫升/亩，或20％氯虫苯甲酰胺悬浮剂30毫升/亩，或2.5％氯氟氰菊酯乳油30毫升/亩，加水稀释1 500倍喷雾。也可将上述药剂与5％氟铃脲乳油混用。

### 10. 如何防治金银花棉铃虫？

根据虫情测报，应在2代和3代棉铃虫卵期至幼虫3龄前（6月下旬至7月上旬和7月下旬至8月上旬）及时喷药防治。可用5％氟啶脲乳油50毫升/亩，或1％甲维盐乳油50毫升/亩，加水稀释1 000～2 000倍进行喷雾；防治3龄后幼虫，可用

15％茚虫威悬浮剂，每亩 30～45 毫升，加水稀释 1 000～1 500 倍进行喷雾。

## 11. 如何防治金银花忍冬细蛾？

当叶片上发现幼虫危害的小虫斑时，用 1.8％阿维菌素乳油 30 毫升/亩，或 5％氟铃脲乳油 30 毫升/亩，或 5％氟啶脲乳油 30 毫升/6 亩，加水稀释 1 000～1 500 倍喷雾。也可将 1.8％阿维菌素乳油 15 毫升/亩与 10％吡虫啉可湿性粉剂 20 克/亩混用，加水稀释 1 000～1 500 倍喷雾，可防治蚜虫和红蜘蛛。

## 12. 如何防治金银花咖啡虎天牛？

可采用虫孔注射法施药，将 80％敌敌畏乳油，加水稀释 100 倍；或 25％噻虫啉水分散粒剂加水稀释 50 倍，用注射器将药液注入虫孔内，每孔 5～10 毫升。

## 13. 如何防治金银花枝枯病？

6 月中旬开始，用 40％戊唑醇可湿性粉剂 30 克/亩，加水稀释 1 500 倍；或 25％丙环唑乳油 30 毫升/亩，加水稀释 1 500 倍；或 70％甲基硫菌灵可湿性粉剂 50 克/亩，加水稀释 900 倍；或 25％嘧菌酯悬浮剂 50 克/亩，加水稀释 900 倍；或 80％代森锰锌可湿性粉剂 60 克/亩，加水稀释 750 倍喷雾，间隔 7～10 天再喷一次。以上药剂轮换使用效果更好。

## 14. 如何防治金银花白粉病？

发病初期（5 月中旬），用 40％戊唑醇可湿性粉剂 30 克/亩，加水稀释 1 500 倍；或 25％丙环唑乳油 30 毫升/亩，加水稀释 1 500 倍；或 70％甲基硫菌灵可湿性粉剂 50 克/亩，加水稀释 900 倍；或 75％百菌清可湿性粉剂 50 克/亩，加水稀释 900 倍、喷雾防治，间隔 7～10 天再喷一次，金银花采收前 15 天停止用药。

## 15. 如何防治金银花褐斑病？

发病初期（6月底至7月初），用70％甲基硫菌灵可湿性粉剂50克/亩，加水稀释900倍；或25％嘧菌酯悬浮剂50克/亩，加水稀释900倍；或80％代森锰锌可湿性粉剂60克/亩，加水稀释750倍喷雾，间隔7～10天再喷一次。

## 16. 红花种植技术需要注意哪些方面？

需要注意农家肥料在堆沤过程中，经物理或生物等方法处理，杀灭各种寄生虫卵和病原菌，去除有害物质。选土层深厚、肥沃、疏松的壤土或沙壤土种植。前茬作物以豆科、禾本科为宜，忌连作。

整地每亩施用无害化处理农家肥4 000千克、三元复合肥（15：15：15）50千克作基肥，深翻30厘米，整平耙细，做1.5～2.0米宽的畦。春播或秋播。春播在3月中下旬；秋播在10月上中旬。栽种密度6 000～8 000株/亩。播前用种子量0.3％的三唑酮或敌克松拌种（300克三唑酮或300克敌克松兑水4～5千克），堆闷24小时，摊开晾干，待播。穴播行距35～40厘米，株距20～25厘米，穴深4～5厘米。每穴4～5粒种子，播量2.5～3千克/亩。条播行距同穴播，沟深4～5厘米，播量3～5千克/亩。播后覆土镇压。

## 17. 种植红花的田间管理需要注意哪几点？

**（1）间苗定苗。**幼苗2～3片真叶时间苗。苗高8～10厘米时定苗：穴播，双株留壮苗；条播，15～20厘米留壮苗1株。如需补苗，宜于阴雨天或傍晚进行。

**（2）中耕除草。**生长前期浅耕除草1～2次，疏松土壤，破除板结，提高地温。封垄前结合施肥，进行1次中耕除草。

## 18. 红花种植的主要病虫害防治有哪些方面？

**（1）炭疽病。**发现病株及时拔除，采收后及时清园，将枯枝茎叶烧毁；用 50％可湿性甲基硫菌灵粉剂 500～600 倍液或 65％代森锌 400～500 倍液喷洒，7～10 天喷一次，连喷 2～3 次。

**（2）锈病。** 发现病株及时清除；发病初期，用 50％的三唑酮 400～600 倍液或 25％三唑酮 1 000 倍液喷雾，7～10 天喷一次，连喷 2～3 次。

**（3）根腐病。** 于病株根际撒施石灰；用 1∶1∶120 倍波尔多液，或 50％多菌灵，或 70％甲基硫菌灵灌根。

**（4）蚜虫。** 用 0.3％苦参碱乳剂 800～1 000 倍液或 50％抗蚜威 1 000 倍液喷雾。

**（5）地老虎、蝼蛄。** 用 80％敌百虫可湿性粉剂 100 克加少量水，拌炒过的麦麸或豆饼 5 千克，于傍晚撒施，进行诱杀。于盛花期，当花冠顶端由黄变红时，晴天上午 10 时前露水干后采摘。

## 19. 种植益母草需要注意哪些问题？

益母草为唇形科植物益母草（*Leonurus japonicus* Houtt.）的新鲜或干燥地上部分。

农家肥料在堆沤过程中，经物理或生物等方法处理，杀灭各种寄生虫卵和病原菌，去除有害物质。宜选向阳、土层深厚、富含腐殖质的壤土及排水良好的沙质壤土。每亩施入经过无害化处理农家肥 1 500～2 000 千克、三元复合肥（15∶15∶15）50 千克作基肥，深翻 20 厘米左右，整平耙细，做成宽 1.3 米的畦，畦沟宽约 30 厘米，地块四周挖排水沟，以防积水。

3 月下旬至 4 月上旬播种。播前翻晒种子 1～2 天，播种量 1 千克/亩，条播，按与畦垂直方向，以 30～40 厘米的行距横向开 3～5 厘米深的浅沟，沟宽 15～20 厘米。沟中每亩施复合肥 30～40 千克，使复合肥与沟中泥土混合均匀，避免复合肥与种子直接接触。将种子均匀撒入沟中，覆土，稍加镇压，干旱时适当浇水。

## 20. 益母草田间管理技术需要注意哪几点？

苗高 5 厘米时，间苗 1 次；苗高 10 厘米时，按行距 20～30 厘米、株距 8～12 厘米定苗。结合间苗,中耕 2 次,除净杂草。第一次中耕时追施尿素 15 千克/亩。干旱时于早晨或傍晚浇水。灌溉用水应符合 DB37/T 274.3—2000 的要求。雨季及时排水防涝。

## 21. 防治益母草主要病虫害有哪些?

**(1) 根腐病。**冬前清园,深翻 30 厘米;病株用 50％甲基硫菌灵 800 倍液灌根。

**(2) 白粉病。**发病初期用 15％三唑酮 800 倍液喷雾,7～10 天喷一次,连喷 2～3 次。

**(3) 蚜虫。**间田悬挂黄板诱蚜;发生初期,用 0.3％苦参碱乳剂 800～1 000 倍液,或 2.5％溴氰菊酯乳油 3 000 倍液喷雾,7～10 天喷一次,连喷 2～3 次。

## 22. 种植地黄需注意哪些方面?

为玄参科植物地黄(*Rehmannia glutinosa* Libosch.)的新鲜或干燥块根。

选择地势平坦、排灌方便、土层深厚、肥沃、疏松的沙壤土种植。前茬作物以大豆、蔬菜、玉米等为宜,忌以芝麻、棉花、瓜类等作物为前茬。不能重茬,间隔年限不少于 8 年,且不宜与高秆作物为邻。春栽地黄于上年秋季每亩施入经无害化处理的农家肥 4 000 千克、三元复合肥(15∶15∶15)50 千克作基肥,深翻 20cm 左右。春季土壤解冻后适时早栽。夏栽地黄可在麦收后整地栽种。

无害化处理是指农家肥料在堆沤过程中,经物理或生物等方法处理,杀灭各种寄生虫卵和病原菌,去除有害物质。夏栽地黄可在麦收后整地栽种。块根繁殖。栽种密度 5 000～6 000 株/亩。于种植前 2～3 天将种根掰成 3～4 厘米小段,用 50％多菌灵可湿性粉剂约 800 倍液浸种 15～20 分钟,捞出晾干表面水分后即可栽种。忌暴晒。播种按照每 100 厘米一垄一沟挖沟起垄,垄底宽 80 厘米,垄面宽 70 厘米,垄高 15～20 厘米。每垄栽 2 行,行间距约 38 厘米,开 4～5 厘米深的沟。然后每亩将 70％的敌克松原粉 2 千克和

50%辛硫磷乳油 1 千克加少量水后混以细土，均匀撒入沟内混匀。按照 30 厘米左右的株距，将处理过的块根平放沟底后覆土，稍加镇压，若底墒不足，可小水灌溉。地块四周挖排水沟，以防积水。

## 23. 地黄的田间管理需注意哪几点？

需注意间苗定苗，当幼苗植株高 10～12 厘米时，去除弱苗，每穴留 1 株壮苗。如有缺苗，选阴天移栽补苗。中耕除草，苗期及时中耕除草，中后期为避免伤根，以人工拔草为主。如有开花现蕾应及时摘除。于 7～8 月追肥一次，每亩追施三元复合肥（15：15：15）50 千克。封行后用 1.5%的尿素加 0.3%磷酸二氢钾叶面施肥 2～3 次。地黄生长前期应根据墒情适当浇水，生长中、后期以排涝为主。

## 24. 地黄主要病虫害防治有哪些？

**(1) 斑枯病。**50%多菌灵可湿性粉剂 700 倍液，或 1：1：150 的波尔多液，或 60%代森锰锌 500～600 倍液喷雾，7～10 天喷一次，连喷 2～3 次。

**(2) 枯萎病。**用 50%多菌灵或 50%敌克松 500 倍液加少量磷酸二氢钾对病株及周围植株进行灌根，每株灌药 500g，7～10 天灌一次，连续 2～3 次。同时用 58%雷多米尔·锰锌 500 倍液，或 5%菌毒清 400 倍液＋50%多菌灵 500 倍液喷雾，7～10 天喷一次，连喷 2～3 次。

**(3) 红蜘蛛。**48%毒死蜱 1 000～2 000 倍液或 50%辛硫磷 800～1 000 倍液，加高效除虫菊酯 80 倍液；或 20%扫螨净 1 000～1 500 倍液，喷雾 2 次，间隔 3 天。

**(4) 地老虎、蝼蛄。**可用 80%敌百虫可湿性粉剂 100 克加少量水，拌炒过的麦麸或豆饼 5 千克，于傍晚撒施，进行诱杀。

## 25. 地黄如何采收和初加工？

**(1) 采收。**10 月下旬至 11 月上旬，叶片枯黄，地上部停止生长，即可采收。深挖防止伤根，按照大小分级归类；及时进行产地加工，忌堆放。

**（2）初加工。** 鲜用时除去芦头、须根及泥沙即可。干燥加工，量少时用土炕烘干，量多时在烘房烘干。开始干燥 1～2 天内，温度控制在 50℃ 左右，期间翻动 1 次；此后温度提高到 70～75℃，每天翻动 2 次，至内无硬核时，温度降至 40～45℃ 出货。出货后堆放 3～4 天，然后在 50℃ 温度下烘 3～4 小时，放冷后再置 45℃ 温度下烘 3～4 小时，取出即为生地。

## 26. 白术的品种特性是什么？种植时需要注意什么？

为菊科植物白术（*Atractylodes macrocephala* Koidz.）的干燥根茎。选择疏松肥沃、排水良好的沙壤土为宜，盐碱地、低洼积水地不宜种植，忌连作。将种子放入 25～30℃ 温水中浸泡 24 小时，随后沥干，并置于 20～25℃ 条件下保温、保湿催芽，至种子露白，备播。苗床应选择背风向阳地块，按畦宽 1.0～1.2 米作育苗床。每亩施无害化处理的农家肥 2 000 千克、过磷酸钙 50 千克、硫酸钾复合肥 50 千克，深翻 20 厘米，整平耙细。

## 27. 白术育苗时需要注意什么？

3 月下旬至 4 月上旬。条播。播前畦内要浇足水，待表土稍干后，按行距 15 厘米，开沟播种，沟深 4～6 厘米，沟底要平，播幅 7～9 厘米，然后覆盖 0.5～1.0 厘米厚的过筛堆肥土，稍加镇压，浇水 1 次。每亩播种量约 6 千克。

## 28. 白术的苗床管理技术要点有哪些？

幼苗出土后，及时除草，按株距 4～6 厘米间苗。若天气干旱，及时浇水，亦可在株间铺草，减少水分蒸发；雨季及时排水。于当年 11 月移栽，选择不抽薹开花，主芽健壮，根茎小而整齐，下圆上尖杏核大小的栽苗，剪去须根、用多菌灵 1 000 倍液浸泡 1 小时；按行株距 25 厘米×15 厘米开约 10 厘米深的沟，将其斜插于沟内，芽尖朝上，并与地面相平。栽后两侧稍加镇压，浇水。

## 29. 白术的田间管理需要注意什么？

出苗1周后，及时中耕除草，并将所除杂草清理干净；灌水或雨后及时中耕松土。5月中旬后，植株间如有杂草可用手拔除。现蕾前后，每亩追施尿素20千克和复合肥30千克，行间沟施，施后覆土、浇水。摘蕾后7～9天，结合培土每亩施复合肥（15∶15∶15）5千克、无害化处理农家肥1 000千克。生长季节如遇干旱应及时灌水，追肥后适量灌水。雨季要及时排水。摘除花蕾除留种植株外，7～8月，在植株现蕾后至开花前，分批摘除花蕾。

## 30. 白术的主要病虫害防治有哪些？

**（1）根腐病、立枯病。** 发病初期，用50％多菌灵1 000倍液或50％甲基硫菌灵1 000倍液浇灌病区，每隔7～10天浇灌一次。

**（2）铁叶病（叶枯病）。** 及时拔除病株烧毁，并用10％的石灰水对病穴消毒；发病初期用1∶1∶100波尔多液，发病后期用50％甲基硫菌灵或多菌灵1 000倍液，每7～10天喷雾一次。

**（3）白绢病。** 栽前，用哈茨木霉进行土壤消毒；发病后，及时清除病株，并用10％的石灰水对病穴消毒。

蚜虫黄板诱杀，用0.3％苦参碱乳剂800～1 000倍液，或2.5％溴氰菊酯乳油3 000倍液，每7～10天喷一次，连续交替喷施2～3次。

## 31. 种植甜叶菊需要注意什么？

甜叶菊（*Stevia rebaudiana* Bertoni）别名甜菊、糖草，为菊科斯台维亚属多年生宿根草本植物，生产上以种子育苗繁育、老根越冬育苗繁殖及扦插育苗繁殖为主。选择排灌良好、土壤pH在7.0为好。每亩基施腐熟土杂肥1 000～1 500千克，按畦面宽1.5米左右、长20米左右、床面比四周低0.20米整出种植畦，地块四周建排水沟。选择饱满、发芽率高的种子。在播种前应将种子晒干，用手轻轻将冠毛搓掉。地温稳定在 15℃ 左右时进行。将苗床灌足水，水渗完后将甜叶菊种子和细沙混匀后撒播于床面，再薄薄地撒一层细土，以种子似露非露为宜。保持畦面湿润，遇寒流加盖草帘保温，如气温高于 30℃ 则应遮阴。注意防治病虫草害，幼苗 5 对叶时，可浇施一次沼液等腐熟肥料，并进行间苗、炼苗。

## 32. 大田甜叶菊的扦插方法有哪些？

大田甜叶菊老根宜在温度低于 5℃ 时离地 3～4 厘米割茎后将根挖起，排列在苗床上并覆土。整理好后适量浇水，使老根与覆土接触紧密，待覆土半干后盖上塑料薄膜。使床内温度保持在 -3℃ 以上，遇到严寒可在塑料薄膜上再覆盖草苫、稻草或玉米秸秆等防寒物，防止寒流侵入而引起冻害。

3～11 月都可进行，一般进行秋季和春季两次扦插，但以温度在 20℃ 左右成活率最高。

秋季扦插时可选甜叶菊收获后的老根上发出的芽，春季扦插可截取年前扦插苗或过冬老根上的新芽，按 6～8 厘米剪下。扦插应做到即剪即插。扦插时，先将扦插条下端在生根剂溶液中浸泡 2 分钟。株行距一般以 3 厘米×4 厘米为宜。插后需压实土壤，并及时浇水。

## 33. 扦插后的管理需要注意哪几方面？

扦插后应及时搭棚覆盖塑料薄膜、加盖遮阳网遮阳，切忌光线直射，保持畦土湿润，注意病虫害防治与除草松土，10 天左右生根。秋季，扦插苗生根后揭去遮阳网，待茎叶开始生长后揭去小棚塑料薄膜；冬季，繁殖苗需在小棚外加盖大棚，以提高温度。

## 34. 鲁原丹参 1 号的特征是什么？适合山东省哪些区域种植？

植株直立高大，株型紧凑，顶生叶片倒卵圆形，表面光滑，叶片较大，边缘圆锯齿状，叶色浓绿。轮状花序较紧凑，紫花，小花

8～10 枚。种子椭圆形，黑色，千粒重 1.2 克左右。区域试验结果：株高 75～80 厘米，主茎四棱形，粗 0.7 厘米左右，绿色，被长柔毛，分枝数 2～4 个。始花期 5 月中旬，花期偏晚。主花薹长 15 厘米左右，根粗壮均匀，棕红色，鲜根长 35～43 厘米，直径 1.3～1.5 厘米，侧根数 11～14，长圆柱形，顺直，须根少，适宜于饮片加工。干品表面暗棕红色，具纵皱纹。2011—2012 年区域试验中，两年平均亩产（药材干品）496.4 千克；2012 年生产试验平均亩产（药材干品）524.0 千克。山东省内丹参产区土层深厚地块都可种植利用。

### 35. 种植鲁原丹参 1 号栽培技术需注意什么?

（1）分根催芽繁殖，3 月底或 4 月初足墒起垄覆膜栽植，栽培密度每亩 8 000～8 500 株。

（2）忌重茬，注意防涝。

（3）其他管理措施同一般大田。

# 四、牧草品种

## 1. 优质牧草都有哪些特点?

主要为豆科的苜蓿、红豆草、田菁等，禾本科的多年生黑麦草，叶菜类的菊苣、籽粒苋等。其中，苜蓿为多年生豆科牧草，在山东省已进入规模化种植与商品化生产发展阶段，其特点如下：

（1）**粗蛋白质含量高。**因粗蛋白质含量高达 20% 以上，粗纤维含量低，适口性好，维生素类含量丰富，被誉为"牧草之王"。

（2）**适应性好。**苜蓿现有品种丰富，部分耐盐碱、抗病虫苜蓿品种在山东省推广种植效果好。

（3）**土壤改良效果好。**苜蓿根部着生大量根瘤，具有较强的固氮功能，可大量固定空气中的氮，土壤改良效果显著。

（4）**饲草产量高。**苜蓿再生能力强，每年可刈割 3～5 次，每年 5 月收割第一茬，之后间隔 30 天多可收割一次，全年干草产量可达 1 吨以上。

苜蓿以晒制干草为主，山东省 6～8 月为雨季，干草晒制受到限制，可采取加菌半干青贮解决干草晒制困难问题。

## 2. 紫花苜蓿有哪些品质特点？

紫花苜蓿产量高、营养丰富、再生性强，并在水土保持、植物修复等方面应用广泛，作为一种优质牧草有很高的饲用和生态价值，被誉为"牧草之王"。紫花苜蓿在山东省以秋播最好，此时地下害虫少，杂草少，可在冬至前后播种，播种量 18～20 千克/公顷。春播在 3 月中下旬，但易春旱，杂草多，地下害虫多，需加强田间管理。田间管理时注意中耕除草和增施磷肥、有机肥作基肥。

## 3. 三叶草有哪些品质特点？

三叶草又名车轴草，多年生草本植物。其茎叶细软，叶量丰富，粗蛋白质含量高，粗纤维含量低，既可放养牲畜，又可饲喂草食性鱼类，是优质豆科牧草。三叶草的最佳播种时间为春秋两季，最适生长温度为 20～25℃。春季于 3 月底至 4 月底，气温稳定在 15℃以上即可播种。秋季一般于 9 月中下旬在果树行间种植。可撒播也可条播，播种量均为 7.5～9.0 千克/公顷。田间管理要及时灌溉和注意病虫害防治。

## 4. 红豆草有哪些品质特点？

红豆草又称为驴食豆、驴喜豆和圣车轴草，原产于欧洲，是豆科红豆属多年生草本植物，是各种家畜喜食的优质牧草，被称为"牧草皇后"。红豆草根系发达，入土深可达 12 米，根瘤较多，可生物固氮，有改良土壤的效果。播种时间，春、夏、秋三季播种皆可，春播一般在每年的 4 月中下旬至 5 月上旬，当年可开花结果，但产量较低；秋播应在 9 月底之前，以利幼苗越冬。除单播外，红豆草也可与禾本科的黑麦草等混播。一般条播或撒播，以条播为好，条播行距 30～40 厘米，播种量 45～60 千克/公顷。红豆草产量高，每亩鲜草产量可到 5 000～6 000 千克；营养丰富，富含蛋白质、氨基酸和矿物质，适口性好。红豆草具有较强的抗旱抗寒能力，一次种植可利用 4～6 年，青割青饲以现蕾期收获为宜，调制干草则在现蕾期至结实期收割为宜。留茬越高再生产量越低，因此留茬高度宜低不宜高，一般以齐地收割为好。与其他豆科牧草相比，其最大的特点是牲畜食后不得鼓胀病。

## 5. 黑麦草有哪些品质特点？

黑麦草茎叶中粗蛋白质含量和维生素含量高，适口性极佳，是禾本科牧草中品质最好的。黑麦草产量高，中等肥力条件下，每亩鲜草产量可达 7 500 千克，高水肥条件下，每亩鲜草产量达 10 000 千克。黑麦草在山东省以秋播为好，播量 15 千克/公顷，播深 2～3 厘米。应施足有机肥作底肥，春季返青期追施氮肥。黑麦草适于作为牛、羊、猪、禽、兔的优良青饲料，还是草食性鱼类的上乘青饲料。黑麦草在夏秋晒制成的干草，可作为牛、羊、兔冬春优质青干草或打成青干草粉在猪、禽、兔配合饲料中应用。

## 6. 大刍草有哪些品质特点？

大刍草又名墨西哥玉米，丛生，茎粗，直立。由山东省农业可持续发展研究所育成的鲁牧 2 号植株直立，分蘖数 3～7 个，主茎粗 4.2 厘米，分蘖粗 2.8 厘米，3 叶期平均株高 21 厘米，抽雄期平均株高 176 厘米。叶均长 90 厘米，宽 4.6 厘米，叶色深绿。雄穗顶生，雌穗着生于各节，每节 3～5 个雌穗。每穗有种子 8～16 粒，千粒重约 75 克。成熟种子颜色以褐色、灰褐色为主。再生性强，分蘖多，一年可刈割 3～5 次，适宜多茬刈割鲜饲或青贮；种子品质好，全株粗蛋白质含量达到 8.7%，产量高，鲜草产量达 52 500 千克/公顷，种子产量 1 500 千克/公顷，发芽率超过 95%。具有光不敏感特性，是国内目前唯一能够在北方正常开花结实的热带种质。

## 7. 皇竹草的品质特点？

皇竹草，别名王草、皇竹、巨象草。是一种适应性广、抗逆性强、产量高、粗蛋白质和糖分含量高的植物。皇竹草植株高大，一般可达 4～5 米。根系发达，分蘖能力强，1 株苗可分 20 株以上，多的可达 50 株。产量高。皇竹草栽种后 2 个月即可收割，每亩可产 20～30 吨。粗蛋白质含量高达 12％，营养丰富，适口性好，茎叶切碎后可鲜喂、青贮或干燥制成草粉，用于饲喂畜禽和鱼类。皇竹草既可扦插，也可移栽，每年 3～8 月均可种植。一般采取茎节繁殖，气温稳定在 8℃以上时就可种植。皇竹草栽种时，要施足底肥，浇足定根水。

## 8. 冬牧 70 黑麦品质特点有哪些？

冬牧 70 黑麦是禾本科黑麦属冬黑麦一个亚种，为越年生草本植物，在山东省引种推广已有 20 多年，是冬春季青绿饲草来源之一。具有以下特点。

**(1) 抗逆性强。** 具有较强的抗寒性、耐盐碱，在山东省黄河三角洲中轻度盐碱地上种植，生长良好。

**(2) 分蘖多、再生性强。** 每丛分蘖可多达 30 多个，秋播冬牧 70 黑麦，可刈割 2～3 次。

**(3) 饲草品质好。** 茎秆柔软，叶量大，营养丰富，适口性好，鲜草粗蛋白质含量可达 5％以上，并含有各种氨基酸以及铜、锌、铁、锰等微量元素和胡萝卜素、维生素 A 等。

## 9. 牧草春耕备播种植需要注意哪些方面？

针对山东省目前春播主要牧草品种、气候环境和病虫草害等情况，春耕备播牧草种植及田间管理重点应抓好以下几个方面的技术措施。

**(1) 土壤保墒。** 确保土壤墒情适宜，对干旱或墒情欠佳的地块，耕前要先灌溉，再耕翻耙平，起垄成畦。土地深耕耙细整平，并及时播种以免跑墒。结合深耕施足底肥，一般每亩地施农家肥 1 吨，或复合肥 50 千克，贫瘠地块可多施。

**（2）适时播种。**豆科牧草以首蓿为例，春播力争早播，表层土壤解冻后即可播种（黄河三角洲地区可采用顶凌播种方式），适当加大播量。禾本科、菊科、苋科等牧草播种时间一般在 4 月上旬以后，地温在 15℃ 以上时播种。菊科、苋科类牧草种子播前一般需要晒种或温水浸泡处理，播种时可直播或育苗移栽。

## 10. 牧草种植如何早防虫害？

春播牧草病害较少，一般主要防治虫害。刺吸类害虫，包括蚜虫、蓟马、盲蝽类，可使用吡虫啉、啶虫脒、菊酯类药剂防治，使用剂量按照商品推荐剂量。咀嚼类害虫，包括叶蛾类、蝗虫等。可使用甲氨基阿维菌素苯甲酸盐、茚虫威、菊酯类、乙酰甲胺磷等药剂防治。使用剂量按照商品推荐剂量。

## 11. 冬牧 70 黑麦和多花黑麦草春季田间管理需要注意哪些方面？

山东省越年生牧草品种主要为冬牧 70 黑麦和多花黑麦草，其春季产草量可占全年的 70% 以上，因而春季田间管理尤为重要，应抓好以下几个方面的技术措施。

**（1）土壤保墒。**搂麦压麦保墒增温促早发。对于土壤暄松的地块，一定要在早春土壤化冻后进行镇压，以沉实土壤、弥合裂缝、减少水分蒸发，避免冷空气侵入分蘖节附近冻伤麦苗；对长势过旺的地块，在起身期前后镇压，可以抑制地上部生长，起到控旺转壮作用。

**（2）水肥管理。**返青期至拔节期（3 月底至 4 月初）之间需灌水 1 次。结合春季灌水，每亩追施氮肥 10～15 千克，或在分蘖期、拔节期和每次刈割后，每亩追施氮肥 4～6 千克，施肥后灌溉。刈割后要及时追肥。

**（3）杂草控制。**在 2 月下旬至 3 月中旬返青初期及早进行化学除草，但要避开倒春寒天气，喷药前后 3 天内日平均气温在 6℃以上，日低温不能低于 0℃，白天喷药时气温要高于 10℃。早春杂草主要以麦蒿、荠菜、猪秧秧、播娘蒿等阔叶杂草混生为主，建议选用复配制剂，如氟氯吡啶酯＋双氟磺草胺，或双氟磺草胺＋氯氟吡氧乙酸，或双氟磺草胺＋唑草酮等，可扩大杀草谱，提高防效。

（4）**防病虫害**。刺吸类害虫，包括蚜虫、蓟马、盲蝽类，当每枝条 20 头以上需用药防治。可使用吡虫啉、啶虫脒、菊酯类药剂防治，使用剂量参照商品推荐剂量。咀嚼类害虫，包括叶蛾类、蝗虫等。应在 3 龄幼虫期之前用药。可使用甲氨基阿维菌素苯甲酸盐、茚虫威、菊酯类、乙酰甲胺磷等药剂防治。使用剂量参照商品推荐剂量。如春季天气干旱，需注意蝗虫在 4 月底出现盛发。刈割前 15 天内不得使用药剂。

（5）**防倒春寒**。密切关注天气变化，在降温之前及时灌水，改善土壤墒情，减小地面温度变化幅度，防御早春冻害。冻害发生后，及时追施适量氮肥，然后浇水，促进受冻牧草恢复生长。

## 12. 紫花苜蓿春季田间管理技术有哪些？

山东省种植的多年生牧草以紫花苜蓿为主。适时采取正确措施对返青期紫花苜蓿进行管理，是紫花苜蓿产量和质量的重要保障。针对目前山东省紫花苜蓿苗情特点，春季田间管理应重点抓好以下几个方面的技术措施。

（1）**土壤保墒**。在 3 月上旬，进行一次中耕划锄。可以提高土壤通透性和地表温度，有利于紫花苜蓿尽早返青，又可以起到保墒、预防春旱、清除田间杂草的作用。

（2）**水肥管理**。及时追肥浇水。紫花苜蓿返青后，应在 3 月下旬至 4 月上旬适时浇一遍返青水。结合浇水，每亩追施磷酸二铵复合肥 10～15 千克，对于上一年秋播的紫花苜蓿，需增施一定量的氮肥，以促进返青后生长，提高产量和质量。

（3）**杂草控制**。多年生牧草与杂草相比，有较高的竞争力，但杂草会影响牧草的生长，因此春季要及时清除牧草地中和草地周边的杂草，降低虫源，确保草地生态环境。紫花苜蓿田常用的除草剂有苜草净、48%的灭草松水剂、5%的普施特水剂。应严格按照药品推荐剂量和操作规程施药，特别注意阔叶类杂草除草剂使用剂量，以免产生药害。

### 13. 春季紫花苜蓿如何防治病虫害？

春季紫花苜蓿主要的虫害有蚜虫、蓟马等。当每枝条 20 头以上需用药防治。可使用吡虫啉、啶虫脒、菊酯类药剂防治，使用剂量按照商品推荐剂量。常见病害主要有锈病、褐斑病等，可使用石灰硫黄合剂、多菌灵、甲基硫菌灵等进行防治，使用剂量按照商品推荐剂量。刈割前 15 天内不得使用药剂。

# 五、莲藕（藕虾共养）

## 1. 莲藕高效栽培技术需要注意什么？

**（1）种植环境。** 要求水源丰富、排灌方便、地势平坦。以土壤酸碱度为 pH5.6～7.5、含盐量 0.2% 以下为宜。覆膜浅水藕土层深度不低于 35 厘米（虚土 40 厘米）。

**（2）清明节前整地施肥。** 每亩施腐熟人畜粪肥 3 000～3 500 千克（未腐熟粪肥极易引起莲藕烧苗），过磷酸钙 25 千克，硫酸钾 10 千克，然后深耕（20～30 厘米）耙平。放入 3～5 厘米浅水（也可种后再放）。

## 2. 种藕如何选择与处理？

（1）选取健康田块藕做种，并用 50% 多菌灵可湿性粉剂加 75% 百菌清可湿性粉剂 800 倍液喷雾加闷种，覆盖塑料薄膜密封 24 小时，晾干后栽植。

（2）有效种藕应有 3 节以上藕瓜，2 节以上完整藕，1 个以上芽头。

### 3. 藕田定植的注意事项？

（1）4月中旬至5月初（当地平均气温在15℃以上）进行定植。

（2）每亩用种量250～500千克，合600～800个顶芽。早熟品种要适当密植。株行距为2.0米×1.5米到1.5米×1.0米，采用"品"字形摆种，藕头轻轻埋入土中约10厘米深，藕梢朝上。

（3）为防止藕向田外生长，边行藕头向内，田埂下可埋入50厘米深厚塑料布。

### 4. 如何科学管理藕田水分问题？

遵循"浅-深-浅"的灌溉原则。定植期至萌发阶段保持3～5厘米浅水；抽生叶至开始封行阶段水深为15～20厘米；封行至结藕期逐步增加；从抽出后栋叶至叶片部分枯黄的生长后期，水层要逐渐下降。

### 5. 如何给藕田追肥？

①一般早熟品种追肥2次，中晚熟品种追肥3次。

②第一次追肥在立叶出现时进行，每亩施尿素15～20千克（若未施基肥，增施氮磷钾复合肥30～50千克）；第二次追肥在主莲鞭有5～6片立叶时进行，每亩施高钾型氮磷钾复合肥75千克或施尿素20千克和硫酸钾30千克；第三次追肥在后把叶出现时进行，每亩施高钾型氮磷钾复合肥30～50千克。

③每次施肥前应降低水位，施肥后2天还水，以提高肥效。追肥后泼浇清水冲洗荷叶，防止肥料灼伤叶片。

### 6. 莲藕追肥的注意事项有哪些？

①以复混肥作为莲藕的磷、钾养分来源时，提倡将复混肥作基肥施用，或尽早施用。

②施肥应选晴朗无风的天气，在清晨或傍晚进行，并避免施肥

后 3～5 天内有大的降雨发生。

③每次施肥前应放浅田水，除去杂草后，让肥料溶入土中，1～2 天后再灌至原来的深度。

④当您的藕田施用了不同形态有机肥（绿肥、猪粪等），氮磷钾肥施用量要在推荐量基础上酌情减少 15%～20%。

⑤按上述方案连续施肥 2～3 年后，肥料用量可适当减少。

### 7. 莲藕病毒防治方法要点有哪些？

以预防为主，具体措施有：
①用无病藕田留种，并对藕种进行消毒。
②彻底清除田间病残枝叶。
③冬天最好不要干田。
④豆粕＋壳聚糖、豆渣＋壳聚糖和豆渣＋黄腐酸钾可以作基础肥料。

### 8. 莲藕病毒病的特征是什么？防治方法有哪些？

病株较健株矮，叶片变细、变小，有的病叶呈浓绿斑驳花叶状，有的皱缩粗糙；有的叶片局部褪绿黄化，叶畸形皱缩；有的病叶包卷不易展开，藕身出现较多的黑褐色条斑，长 1～5 厘米，最长可达 10 厘米以上。顶芽和先端节间常扭曲、畸形。藕身细瘦僵硬，品质较低。

### 9. 莲藕病毒病防治方法要点有哪些？

①选择健康藕种。
②平衡施肥：有机肥＋化肥。
③抓好防蚜治蚜。
④加强调查，一经发现初发病株，应尽早挖毁，并对挖毁的病株标记，对病情继续进行监测，收获时其附近藕株均不要留作种株。
⑤病田喷施叶面营养剂（如磷酸二氢钾、叶面宝等）加

0.05%～0.1%黑皂或洗衣皂，或5%菌毒清水剂300倍液或NS-83增抗剂100倍液，2～3次或更多，隔10～15天1次，以钝化毒源，促进植株生长，减轻发病。

⑥出现僵藕的田块除了更换健康藕种外，冬季要对土壤深耕晒垡，并在栽藕前15天用三氯异氰尿酸（强氯精）（2千克/亩，灌浅水后洒施）等消毒剂进行藕池消毒。

⑦合理轮作。

## 10. 如何防治莲藕莲缢管蚜？

注意田间蚜虫发生情况，当田间蚜虫受害株率达到15%～20%，每株有蚜虫800头左右时，进行药剂防治。使用的药剂为大功臣和杀虫双混合施用。具体配制是：两种药剂按田间用量减半后再按1∶1比例混合，再添加少量的敌敌畏进行喷雾，安全间隔期10天；如发生较重的藕田，还可与吡蚜酮交替施用。

## 11. 如何防治莲藕真菌性卷叶病？

①农业措施：冬季清除田间病株残叶，并集中烧毁。

②合理密植，确保藕田通风透光。

③适当增施磷钾肥，提高植株抗性，发病初期及时摘除病叶。

④药剂防治：70%甲基硫菌灵1 000倍液，25%多菌灵600倍液，75%百菌清1 000倍液或杜邦易保1 000倍液喷雾2～3次，一般间隔期为10～15天。

## 12. 藕田如何防治浮萍和青泥苔？

①芽前用25%西草净200～400克/亩。

②保持2～3厘米浅水层使用50%三氯异氰尿酸可湿性粉剂拌细沙土全田撒施或500倍液泼洒，较厚时要先进行打捞后用药。

③每亩用96%晶体硫酸铜粉500克和500毫升普通家用洗洁精，对水50千克泼浇，并保4～6厘米浅水层5天。

④洒草木灰、草炭遮蔽阳光，可以抑制青泥苔。

⑤水绵和浮萍等杂草经常给莲藕的生产造成危害，降低莲藕产量20％以上，损失600元以上。有些藕池每年打捞杂草的费用都在300元/亩左右。即便采用我们前面筛选的西草净，每亩人工费用和药物费用也要在80元左右。

⑥莲藕与泥鳅、小龙虾共养可以有效防控杂草，不仅节约了人工成本，而且具有良好的生态效益。

### 13. 开荒种藕的除草方法有哪些？

**（1）化学方法。**①小苗期喷洒或涂抹：草甘膦异丙胺盐；②芦苇较多的地，可以复配高效氟吡禾草灵和精恶唑禾草灵。

**（2）生物法。**养殖两年草鱼、小龙虾均可去除水中芦苇。

**（3）自然腐烂法。**高温季节，于水面下割除茎叶，水下会慢慢腐烂。

### 14. 藕在生长过程中，打除草剂后的药害补救措施有哪些？

首先要分辨药害的类型，分析药害产生的原因，估测药害产生程度，采取相应对策。

**（1）施肥补救。**对产生叶面药斑、叶缘枯焦或植株黄化等症状的药害时，施用有机肥或叶面喷施速效肥，增强植物长势，减轻药害程度。

**（2）排灌水补救。**及时用水冲洗藕叶面，并将含有除草剂的水层排掉。

**（3）激素补救。**对于抑制或干扰植物生长的除草剂药害，如2,4-滴丁酯，可喷施赤霉素、芸薹素内酯等植物生长促进剂，促进植物生长，缓解减轻药害程度。

### 15. 藕的种植追肥方案有哪些？

坚持"以氮、磷、钾复合肥为主，少量多次的"原则。

**（1）立叶肥。**每亩施尿素 10 千克、高钾型复合肥 10 千克，间隔 7～10 天再施 1 次；水位保持在 40 厘米左右。

**（2）封行肥。**每亩施尿素 10 千克、高钾型复合肥 15 千克，间隔 7～10 天再施 1 次；水位保持在 60 厘米左右。

**（3）结藕肥。**在后把叶出现时，每亩施高钾型复合肥 30 千克，根据情况间隔 7～10 天每亩可再施 15～20 千克；水位保持在 60 厘米左右。

## 16. 藕虾共养池建设需要的哪些条件？

套养小龙虾的藕池应水源充足，排灌设施齐全，耕作层深宜 28～35 厘米。每池面积宜不大于 13 340 米²，池宽宜在 20 米以内。设置好进水口、排水口和溢水口。共养池四周应筑围埂。围埂宜高于池底（着藕区）0.5～1.0 米、顶宽 1.0～1.5 米、底宽 2.0～3.0 米，不渗水。全年套养小龙虾的藕田在围沟或整体越冬要保持 60 厘米左右水位。水位调整要缓，避免忽高忽低，特别是在小龙虾集中脱壳时。

## 17. 藕虾共养池中的虾沟建造需要注意哪些方面？

虾沟宜深 0.8～1.0 米，上口宽 1.5～2.5 米，坡比为 1：（2～3），坡面不能硬化或有塑料布等覆盖物。虾沟与着藕区之间要筑内埂，内埂宜高 25 厘米、宽 30 厘米。投放小龙虾前 30 天左右，在沟内分散移栽菹草、轮叶黑藻、伊乐藻等沉水植物或莲藕，植物水面覆盖率 30％～60％。

## 18. 需要设立小龙虾防逃设施吗？

需要。围埂上应设置防逃设施，可选用塑料布、渔用网布、石棉瓦、玻璃缸瓦等材料。防逃设施需固牢，地上部分高度应不低于 40 厘米。选用渔用网布作为防逃设施的，应在其上部固定塑料布（高度在 10 厘米以上）。另进水口、排水口和溢水口应设置网眼 80～100 目的防逃网。

### 19. 藕虾共养池可推荐哪些藕品种？种藕需要注意哪些方面？

可选鄂莲5号、南京池、飘花藕、鄂莲6号、鱼台白莲、马踏湖白莲等品种。应从健康田块选择种藕。种藕应至少具有3节、2个完整节间及1个顶芽，无冻害及机械损伤。每亩用种量为250～500千克。

### 20. 小龙虾投放前需要做哪些准备？

**（1）共养池消毒。**宜于投放小龙虾前15天，人工清除浮萍、水绵，每亩用新鲜生石灰25～40千克或茶籽饼10～15千克消毒。使用生石灰时，要防止伤害叶片；使用茶籽饼时，应先粉碎，再用清水浸泡24小时左右，后将饼渣、汁一并撒入池中。

**（2）种虾（苗）准备。**种虾（苗）要求有光泽，体格健壮，活动能力强，无损伤，离水时间要尽可能短。种虾规格宜为35～40克/只，雌雄比例在（2～3）：1；种苗规格宜为5～20克/只。宜采用水运法或半湿法运输，每个装虾器具内虾叠层厚度不应超过20厘米。

### 21. 种虾（苗）投放时间与投放密度多少比较科学？

莲藕封行后在晴天的早晨和傍晚投放。种苗投放宜于6月中旬至8月中旬进行，种虾投放宜于8月中下旬进行。每亩藕虾共养池宜投放种苗3 000～5 000尾或种虾800～1 000尾。

### 22. 小龙虾饲料投喂需要注意哪些方面？

可选择野杂鱼、食品加工下脚料、麦麸等自制饲料或商品饲料。商品饲料的选择与使用应符合NY 5072的规定，且幼虾饲料中粗蛋白质含量宜35%～40%，成虾饲料中粗蛋白质含量宜25%～30%。投喂量根据水温、水质、天气及天然饵料的丰富程度等情况而定，一般掌握在总体重的2%～5%，具体视前日饲料剩余情况及时增减。春季在小龙虾活动时开始投喂，每天傍晚投喂 1 次；5～8 月，每天投喂 2 次；水温低于 12℃时，停止投喂饲料。饲料宜少量、多点均匀投放。

## 23. 莲藕、小龙虾分别在什么时间收获？

①当年 12 月至翌年 3 月均可采收莲藕，采收方式为人工或利用高压水枪。宜分区分批采收。

②小龙虾捕捞，一般在 2 月下旬或 3 月初开始捕捞，直至 11 月中旬左右。捕捞器具主要为虾笼和地笼网。

# 果　树

## 一、樱　桃

### 1. 鲁樱1号的品种特性有哪些？

果实圆心脏形，平均单果重约10.0克，最大单果重11.1克。果皮光亮、紫红色。果肉硬脆，多汁，平均可溶性固形物含量17.2%，总酸含量0.78%，酸甜可口。土壤：一般适合的土壤pH为5.5～7.8。吉塞拉砧木对土壤的适应范围极广，土壤质地以沙壤土或轻壤土为好，并能够适应于黏土。

### 2. 鲁樱2号的品种特性有哪些？

果实肾形，果个大，平均单果重9.6克，最大单果重11.8克。果皮光亮、紫红色，果肉细腻多汁，平均可溶性固形物含量17.7%，总酸含量1.03%，酸甜可口。

### 3. 鲁樱3号的品种特性有哪些？

果实阔心脏形，深红色，果品光亮，果个大，平均单果重12.1克，最大单果重18.33克。平均可溶性固形物含量17.1%，总酸含量0.68%，酸甜可口。果肉硬，耐贮运。在山东泰安地区，鲁樱3号樱桃树苗4月初开花，花期7～10天，异花授粉，可搭配萨米脱、拉宾斯、先锋进行授粉。成熟期在5月下旬，果实发育期

45 天左右，与鲁樱 1 号（美早和萨米脱杂交的另一个后代）同期成熟。11 月落叶，年营养生长期 220 天左右。

### 4. 鲁樱 4 号樱桃的品种特性？

果实圆心脏形，深红色，果品光亮，果个大，平均单果重 10.8 克。平均可溶性固形物含量 16.8%，总酸含量 0.77%，酸甜可口。果肉硬，果皮厚，耐贮运。

### 5. 齐早大樱桃的品种特性有哪些？

果实宽心脏形，深红色，果品光亮，果个大、均匀，平均单果重 8.5 克。平均可溶性固形物含量 15.6%，总酸含量 0.49%。果肉柔软多汁，甘甜可口。温度：温度是大樱桃生产中的关键因子，一般适合的年平均温度为 8～15℃。光照：良好的光照有利于大樱桃树体形态的构建，而且还可以生产出优质的果实。一般要求全年日照时数为 1 800 小时以上。

### 6. 甜樱桃的选址需要注意哪些？

民间有一句谚语"雪打高山霜打洼"，这是因为在晴朗无风的夜间，下坡气流流泄使冷空气在谷底滞留，形成冷气"湖"，而在山坡坡面则相对成为高温区，这种高温区在农业地形学上称为"暖带"。农业气象研究资料表明，在"暖带"的作物生长期要比距"暖带"200 米左右的谷底或 100 米左右的高坡上长 1～2 周，"暖带"的月平均最低温比谷底高 3℃，月平均最高温度高 1℃。在丘陵地区，若地形的相对起伏小于 500 米，"暖带"的中部通常位于底部之上 100～400 米的高处。背风向阳的山坡"暖带"区也是甜樱桃建园选址的最佳区域，既可避免晚霜危害，又可做到提前成熟。

### 7. 适合山东种植的樱桃品种有哪些？

鲁中南早熟甜樱桃产区，应以早中熟品种为主，如齐早、早甘阳、福晨、早露、鲁樱1号、红密、红艳、明珠、布鲁克斯、桑提娜、美早、鲁樱3号、福星、萨米脱等；胶东半岛和鲁中高海拔晚熟樱桃产区，应以中晚熟甜樱桃品种为主，如先锋、雷尼、拉宾斯、艳阳、赛维、雷洁娜、甜心、斯凯娜、哥伦比亚、黑金、红南阳、佳红、科迪亚、鲁樱4号等；设施栽培应以果个大、品质好、产量高、裂果少、成熟期早中晚配套的品种，如齐早、美早、鲁樱1号、先锋、鲁樱3号、鲁樱4号、雷尼、拉宾斯、甜心、雷洁娜、甜心、斯凯娜、哥伦比亚、黑金、红南阳、佳红等。

## 8. 怎样选择甜樱桃的砧木？

应选择性状稳定的无性系砧木。无性系矮化砧木包括吉塞拉5、吉塞拉6、吉塞拉12、吉塞拉Y1、克里木斯克5和克里木斯克6等；无性系乔化砧木包括考特、兰丁、MM-14、ZY-1等。

## 9. 樱桃苗木定植需要注意哪些方面？

园地整理要深挖排水沟、起垄和宽行种植。纺锤形、丛枝形的株行距（2～3）米×（4～5）米；高纺锤形的株行距（1.5～2）米×（3～4）米；超细长纺锤形的株行距为（0.75～1）米×（3～4）米。高纺锤形和细长纺锤形最好使用矮化砧木，行间要使用立柱和标杆。在春季栽植，只要土壤解冻，即可栽植，越早越好。

## 10. 甜樱桃的整形修剪需要注意哪些方面？

原则上应在生长季和休眠季结合进行，但由于生产实际情况的制约，生长季和冬季整形修剪工作有时不到位，就需要在春季萌芽前通过修剪来调整。

幼树主要是在整形的基础上对各类枝进行适当调整，适当疏除一些过密、交叉重叠枝，并尽量多保留一些中枝和短枝，短截粗壮枝，促发较多的分枝，以利于枝条的均衡生长。树冠内的各级枝上的小枝，基本不动，使其尽早形成果枝，以利于早结果、早丰产，防止内膛空虚。初结果树应以拉枝开角为主，缓和树势，促进成花。萌芽前修剪应尽量不动大枝、减少伤口，以疏除过密枝、竞争枝为主，少短截。修剪在 2 月下旬至 3 月中旬进行。对成龄大树修剪的主要目的是调整负载量、打开光路，解决内膛光照问题。原则是去弱留壮，即疏除过密枝、竞争枝，直立旺长枝、清理掉过高过大的大枝，留下壮花壮枝。修剪大枝的伤口，必须要涂抹愈合剂，防止伤疤出现病虫害。成花量过多的树，可以疏除部分结果枝、细弱果枝。

## 11. 樱桃树如何开角、拉枝或撑枝？

拉枝或撑枝的目的，是改善整体光照、缓和树势，增加果枝量，促进花芽形成，防止结果部位外移。撑枝、拉枝时要注意力度，顺直地拉或撑，以保持侧枝与中心干的夹角在 $60°\sim80°$，不能把侧枝拉成平直或下垂。幼树必须注意撑枝、拉枝的强度不能太大，以免造成侧枝与中心干的劈缝。拉枝的绳子，应选用较柔软塑料捆扎绳或布条，并经常调整绑缚部位，以免缢伤枝干，引起流胶，导致树体损伤。

## 12. 樱桃树如何刻芽？

刻芽是甜樱桃新栽幼树至初结果幼树枝条春季管理的一个重要环节。若不进行刻芽处理，则树体萌芽率、出花率低。刻芽可以分为两种，求枝刻芽和求花刻芽。所谓求枝刻芽，是在主枝上和中干枝上进行刻芽，为了让其尽可能多成枝。所谓求花刻芽，是对侧枝和旺枝刻芽，为了多促使形成花芽，枝条刻芽数量越多，形成的花芽也就越多。

## 13. 樱桃树如何疏花芽？

与苹果、梨的混合花芽情况不同，甜樱桃的花芽为纯花芽，若沿用苹果、梨疏花疏果的方法，则会增加很多的工作量。另外，甜樱桃果实发育期很短，以疏果为主的方法也会浪费很多养分，不利于生产大果和花芽分化。因此，甜樱桃的产量、质量控制应以疏花芽为主，以疏果为辅。疏花芽应针对树势较弱的盛果期结果大树，以大量花束状果枝为主要结果部位的树体，在春季花芽萌动至花朵显现时进行。操作时需注意区分出花束状果枝上的花芽与叶芽，避免将叶芽当成花芽疏除。此外还需了解花芽冻害现象，解剖部分花芽，掌握每个花芽内正常的花朵数量。留花芽量则根据每个花芽内正常的花朵数量和以往花朵的坐果率情况来确定。一般每个花束状果枝留 2～3 个正常的花芽。

## 14. 樱桃树如何进行土肥水管理？

**（1）平衡施肥。** 甜樱桃和其他果树作物一样，在生长发育过程中需要大量的矿物质元素，如氮、磷、钾、钙、镁、铁、硼、锌等。缺少这些元素，甜樱桃就不能正常生长发育，甚至出现相应的缺素症。

①休眠期。土壤解冻后第一次施肥称为促花肥，多在早春后开花前施用，促使春梢充实。施肥必须在发芽前 15～20 天，施用的肥料可以是生物菌肥和氮磷钾硫基复合肥，每棵十年生树使用复合肥 1～2 千克，可采用放射沟状施肥，也可撒施。3 月中旬，结合树下压土，修筑地堰及春耕，也可施用液体肥料灌根。

②开花坐果期。4 月上旬，追施坐果肥。多在开花后至果实核硬期之前施用，主要是提高坐果率、改善树体营养、促进果实前期的快速生长。每亩追施腐殖酸套餐肥 15～18 千克。这样可以缓和营养生长和生殖生长的矛盾、增强树势、提高坐果率、增大果个、提高产量。花期喷硼锌，可有效提高坐果率。

③果实膨大期。4 月下旬，果实进入膨大期，此时追肥促进果实的快速生长、促进花芽分化，为翌年的生产打好基础。果实膨大肥以氮钾钙肥为主，根据土壤的供磷情况可适当配施一定量的磷肥，每亩可施用复合肥 15～18 千克。也可根外追肥，每隔 8～10 天喷施一次，保证果个大、质优及抽发的春梢粗壮、饱满。

**（2）浇好春水。** 施肥应结合浇水，如果冬季降水较少，旱情相对较重，春季应结合施肥应适时浇水，早春浇水能够解冻土壤，促进根系吸收营养，促进根系生长。花前浇水，既缓解旱情，又降低地温，以利于推迟甜樱桃树的开花时间，减轻倒春寒对树体的影响，使盛花期的果树能够处在较适宜的授粉气温环境中，从而提高坐果率。

（3）**中耕除草**。应及时中耕除草，提高地温。也可以在地面覆盖黑地膜或园艺地布，效果更佳。

## 15. 樱桃树病虫害防治方法有哪些？

春季是病虫害的高发期，随着气温的回升，病虫也开始活动增强，应抓住早春最佳防治时期及时及早进行防治。

（1）**3月上中旬（甜樱桃发芽前）**。为铲除枝干上的越冬的病菌、介壳虫、红蜘蛛、白蜘蛛等病虫害，在芽萌动期均匀喷干枝，可选用5波美度石硫合剂，或72%福美锌可湿性粉剂150～200倍液＋48%毒死蜱乳油800倍液＋有机硅渗透剂3 000倍液，或72%福美锌可湿性粉剂150～200倍液＋48%毒死蜱乳油800倍液＋95%机油乳剂50～60倍液。

（2）**4月初（出芽展叶、花序分离期）**。为提高坐果率和防治叶螨、梨小食心虫、金龟子、绿盲蝽、卷叶虫等，可喷1%的甲维盐水剂1 500倍液＋硼砂500倍液。

（3）**4月20日前后（谢花后3～5天）**。为防治梨小食心虫、金龟子、绿盲蝽、卷叶虫等，可喷25%吡唑醚菌酯乳油500倍液＋1.8%阿维菌素乳油3 000倍液。

（4）为防治流胶病和红颈天牛，建议甜樱桃树干春季涂白。

## 16. 甜樱桃的花期管理需要注意哪些技术？

（1）**蜜蜂授粉**。花期放蜂可提高授粉效果，在开花前1～2天将中华蜜蜂、熊蜂或角额壁蜂放在果园的合适位置，以使蜂适应园区环境。壁蜂、熊蜂活动能力强，对阴天、低温等不良天气有较强的适应能力，授粉效果好。注意放蜂前10天内不能喷药。

（2）**人工辅助授粉**。花期如遇阴雨、大风、低温等不良天气会严重影响自然授粉的效果，导致减产，应及时采取人工辅助授粉等措施，提高坐果率。具体方法：从主栽品种盛花初期开始，进行人工授粉4～5次，主要是利用鸡毛掸子、海绵等辅助工具进行人工辅助授粉。也可在开花后的第一天到第二天采用人工点授。花量大时，采用自制授粉器授粉，即选用一根长1.2～1.5米、粗约3厘米的木棍或竹竿，在一端缠上50厘米长的泡沫塑料，泡沫塑料外包一层洁净的纱布，在主栽品种和授粉品种之间轻轻交替擦花，达到采粉授粉的目的。大面积授粉时，也可将采集的花粉与填充物混合或配制成悬浮液，进行机械喷粉。

（3）花期喷硼。可以喷一次0.3％～0.5％硼砂溶液，或喷施0.3％尿素＋0.3％硼砂＋0.3％磷酸二氢钾，起到保花保果的效果。大樱桃谢花70％～80％的时候，建议喷施叶面肥。开花初期要及时灌水，确保墒情。

（4）疏花。疏除花束状果枝上的瘦小边花和萌动较晚的花蕾，留饱满的中间花，每个花束状果枝只留7～8朵花。

## 17. 甜樱桃果期管理需要注意哪些方面？

甜樱桃花后幼果生长期，也是新梢的旺长期，营养要求比较高，要及时施肥补充营养，促进果实生长发育。花后1周左右，要进行摘心，摘去新梢幼嫩先端，保留10厘米左右，可以大大减少新梢旺长对营养的争夺，有利于幼果的发育。落花后2～3周，要进行疏果，疏去小果和畸形果。果实第一次膨果发育程度，决定了采收时的果实大小，因此在第一次膨果期，建议结合灌溉冲施高钾水溶肥，叶面喷施磷酸二氢钾＋氨基酸钙叶面肥＋芸薹素内酯，促进膨果。对裂果严重品种，还需要及时喷施叶面钙肥。同时，要继续采用摘心的方法，控制好新梢的旺长，减少新梢与果实竞争营养，为甜樱桃的丰产丰收奠定基础。

## 18. 如何预防樱桃树晚霜危害？

早春气温不稳定易发生倒春寒，会冻伤、冻坏萌发的花芽或幼果，直接影响当年产量。因此，应及时采取综合措施，预防和减轻倒春寒的危害。

①加强果园全年综合管理水平，增加树体贮藏营养，提高树体抗逆性。

②灌水保墒。甜樱桃萌芽后应随时注意天气变化，降温前及时灌水，改善土壤墒情，减小地面温度变化幅度，防御早春冻害。

③喷施有防冻效果的药剂，如天达2116、碧护等。

④树上喷水弥雾或园内熏烟。果园水池备好水、园内备好麦糠、植物秸秆等材料，在霜冻来临时，全园弥雾或熏烟，减轻晚霜危害。

⑤有条件的果园可架设简易防霜冻设施，如建立防寒大棚或安装大风扇等设施。

# 二、桃

## 1. 鲁星桃栽培技术要点有哪些？

一般适宜春季栽植。在山岭地或土层较薄的地区采取挖通壕或大坑的栽植方式，回填栽植穴时，要满足"粗、匀、精"的要求，以保证较高的成活率，黏土地最好采用起垄结合生长季覆草的栽植模式，否则易出现黄叶病。栽植密度（1.5～3）米×（4～5）米均可。

树形一般采用开张树形或主干型，如果采用主干型要在栽植后4～6年时落头，以改善树体光照条件。夏季修剪要做到适时、适度，尽量以前期抹芽为主，疏剪工作最好在新梢缓长期和停长期进行。

在果实的2次膨大期要加强肥水管理，特别是果实成熟前20～30天，土壤要保证湿度均匀，要求做到"小水勤浇、见干见湿"。土壤管理要注重增施有机肥，减少化肥的用量，防止过量使用化肥造成果实品质下降和生理病害加重。生长季要以喷布叶面肥为主，注意大量元素和微量元素的综合应用，保证叶片质量，提高光合性能。

早春易受蚜虫危害，使果实出现畸形，严重的造成大量落花落果。因此，应在花前、花后及幼果期，注意防治蚜虫危害。由于果实与叶片的摩擦，果面易出现果锈。注意事项：早春易受蚜虫危害，使果实出现畸形，重者造成大量落花落果，应在花前、花后及幼果期注意防治蚜虫危害。由于果实与叶片的摩擦，果面易出现果锈。

## 2. 泰山暑红桃栽培技术要点有哪些？

栽植密度：平原地以 3 米×4 米，丘陵山地以 2 米×（3～4）米为宜。

整形方式以 V 形和主干型为主。定植后夏季摘心，促进扩冠和及早成形。骨干枝开张角度以 60°～70°为宜，主枝上可直接着生结果枝组。结果枝组不短截，结果后回缩更新。

疏花疏果一般长果枝留 3～4 个果，中果枝留 2～3 个果，短果枝留 1～2 个果。

前期注重蚜虫、红蜘蛛防治，采后注意潜叶蛾等防治。

由于果实硬度大，在树上长时间不变软、不落果，可分次采收，使采摘果实大小一致，提高果实品质。

施肥以有机肥为主。化肥使用前期以氮肥为主，后期注意磷、钾肥的施用。花前、果实膨大期和采果后可各追肥一次。硬核期是追肥的关键时期，一般 5 月下旬至 6 月上旬，氮、磷、钾配合施用。果实采收后，为增加树体贮藏营养，增强越冬能力，应在 8 月施用一次补肥。

## 3. 秋丽桃栽培技术要点有哪些？

平原地栽植以 3 米×4 米，丘陵山地以 2 米×（3～4）米为宜。V 形和主干型为主。定植后夏季及时摘心，促进扩冠和及早成形。为增大果个，除了注意加强肥水管理外，还要严格疏花疏果，早疏早定，通常每 20 厘米留果 1 个。一般长果枝留 3～4 个果，中果枝留 2～3 个果，短果枝留 1～2 个果。

前期注重蚜虫防治，采果后注意红蜘蛛、潜叶蛾等的防治。严禁使用桃树敏感的农药。

由于果实硬度大，在树上长时间不变软、不落果，可以分次采收，使采摘果实大小一致，提高果实品质。

施肥以有机肥为主。化肥使用前期以氮肥为主，后期注意磷、钾肥的施用。花前、果实膨大期和采果后可以各追肥一次。基肥宜早施，初果期树，每年株施优质鸡粪 25 千克，混入过磷酸钙 1.5 千克，落花和疏果后追肥结合浇水分别株施尿素 0.5 千克，果树专用肥 0.75 千克，同时配合叶面喷 0.3％的磷酸二氢钾，生长季后期，根外喷 0.3％的尿素 2 次。

适宜地区：适合晚熟桃栽培地区发展。

## 4. 春明桃的品种特性如何？

鲜食。果个大，平均单果重 144.4 克。果实卵圆或圆形，端正，果顶圆，微凹，缝合线浅，两边较对称。果皮中厚，不易剥离，茸毛中密，果皮底色绿白，果实表面红色，断续条红状，着色程度达 50％以上。果肉白色，汁液中多，纤维少，风味甜，香味浓。粘核，核椭圆形，裂核少。在泰安，正常年份花芽萌动期为 3 月 20 日左右，初花期为 4 月 7 日，盛花期为 4 月 10 日，花量大，花期持续 1 周左右，4 月 16 日为落花期，4 月下旬幼果出现，并进入新梢旺长期。5 月底果实开始着色，成熟期为 6 月 5 日左右。落叶期为 11 月中旬。树势强健，树姿开张。

## 5. 春明桃的栽培技术需要注意哪些方面？

选择土层深厚、排水良好的沙质土壤，株行距 2 米×4 米或 3 米×4 米。

采用开心形，保护地栽培宜采用细纺锤形，定植株行距为 1 米×2 米或 1 米×1.5 米。

要求亩施土杂肥 3 000～3 500 千克，复合肥 20 千克，适时浇水。幼树修剪以长梢修剪为主，少疏枝，轻短截，大量结果后转向常规修剪，及时运用单枝更新或双枝更新，复壮结果枝组，夏剪时疏除背上枝、徒长枝、直立枝、枯死枝、病虫枝、竞争枝，保持主枝延长枝的生长优势。

适宜地区：需冷量低，适合保护地栽培及北方暖温带落叶果树栽培生态区山东省鲁中产区冬春季节种植。

## 6. 阴雨天气下，如何做好大棚果树的湿度管理工作？

大棚湿度应保持在 $60\%\sim75\%$，这样有利于其萌芽。若湿度过大，应及时通风换气。可实行间隔式通风换气，每次间隔 2 小时左右，每次通风时间为 30 分钟。如若雾霾严重、棚外湿度明显高于棚内则不要进行放风，$10\sim16$ 时关闭通风口。同时控制浇水，一般扣棚后浇大水一次，到花期一般不要浇水，浇水后可覆盖银白地膜，起到控制湿度、增加地温、改善棚内光照的作用。如果花期土壤干旱严重时，浇水要膜下浇小水。

## 7. 阴雨天气下，如何做好大棚果树的温度管理工作？

虽然由于雾霾天气的影响，棚内光照不足，但由于近期气温回升较快，所以目前大棚内的温度管理仍以控为主。如果升温过快，温度过高，会造成果树萌芽快，开花慢，易出现先芽后花的现象，使叶芽优先争夺贮藏养分，导致其坐果率降低，造成幼果早期脱落。因此，此期温度应缓慢升高，每升高 $2\sim3$℃，应保持 $2\sim3$ 天，再逐级升高。最后保持最高温度不得突破 28℃，夜晚最低温度 10℃左右。

## 8. 阴雨天气下，如何做好大棚果树的光照管理工作？

因连续阴天，光照不足，对树体的正常生长产生了不小的负面影响，尤其对正常开花影响很大。所以要尽可能增加树体光照。即使遭遇极端低温天气，也要利用中午温度较高时多见光。棚上的覆盖物要勤揭勤盖，既要补充光照，又要保温。并及时清扫棚上杂物。同时在棚内铺设反光膜。防止树体因光照不足不能进行光合作用，而出现饥饿。久阴转晴中午快速升温时，应注意适当"回帘"，以防止树体出现不适。

## 9. 大棚果树花果期遇雾霾阴雨雪天气如何进行管理？

现在不少大棚果树花果期正遇雾霾阴雨雪天气，搞好花果管理至关重要，关系到大棚栽培的成败。必须采取一些综合措施保证一定的坐果量，满足生产需要。坐果率高低及幼果的发育与营养物质的供应有密切的关系。首先必须加强上一年的后期管理，形成良好的花芽，提高营养水平，如秋季保叶、施基肥等。当年通过施肥、浇水、修剪，保证营养供应，通过枝梢摘心、花期喷施 0.1%～0.5%的硼砂等措施，调节养分的流向和供应。

## 10. 阴雨天气下大棚桃树如何保证授粉受精？

近年来阴雨雪、雾霾天气较多，在开花晚、不整齐的情况下保证授粉受精，除了合理配置授粉树，还要施行一些措施。

**（1）生物授粉。** 昆虫传粉，花期放蜂。传统的放蜂是指蜜蜂，一般每亩光温室桃放蜜蜂 1～2 箱。也可以采取壁蜂授粉，近 10 来年，利用人工驯化的野生壁蜂（主要是角额壁蜂、凹唇壁蜂等）给果树授粉，取得重大进展。其主要优点是管理简便、不需人工饲喂，耐低温，气温 12℃ 以上就可以出巢防花，授粉速度快、效率高，可在生产中大力推广。壁蜂授粉能力比普通蜜蜂提高 70～80 倍，每亩 200～300 头即可满足授粉需要。大棚放壁蜂要注意：①在大棚内建蜂巢箱，位置要远离放风口，巢箱左右及后面要封闭严实，放蜂口朝南。②在巢箱前挖一个土坑，定时浇水，保持泥土湿润，便于壁蜂筑巢。③因为大棚内花粉少，可在巢箱口处放一点蜂蜜或白糖。④观察两天，看壁蜂出茧情况，如果有壁蜂未出茧，就应用刀片轻轻将蜂茧皮割开，人工将蜂放出来。

**（2）人工授粉。** 人工辅助授粉是提高坐果率最可靠的方法，人工授粉的坐果率可达 70%～80%。在缺乏授粉树，花期天气不良时，这种授粉方式很重要，尤其适用于大棚栽培。点授的过程：选树—采花—取花药—取花粉—贮藏—授粉—人工点授，只要用毛笔在不同花朵间点授即可，人工点授以当天开花、当天授粉的效果最好，在上午9~10时到下午3~4时进行，如遇不好天气，应多进行几次。滚动：用小气球、鸡毛掸子在花朵间滚动。

（3）**应用植物生长调节剂和微量元素**。花露红时用碧护（尤其是遇到倒春寒、阴雨雪雾霾天气时）。开花期喷0.3%的优质硼砂加0.2%硫酸锌，既能提高坐果率，又可防治缩果病和小叶病，外加聚肽蛋白能提高叶功能，也能促进坐果。

## 11. 阴雨天气下大棚桃树授粉方法除了生物授粉和人工授粉，还有哪些？

除了生物授粉和人工授粉，还可以采取高接授粉花枝，尤其是配置授粉树的大棚要进行高接换一些大枝以便于授粉。

（1）**挂罐瓶插花枝**。剪取其他品种含苞待放的花枝插到装满水的瓶中，挂到要授粉的树中上部。

（2）**摘心**。尤其是对于温度控制不好而导致新梢生长过旺的树，采取摘心措施，可以明显减少落花落果情况的发生。

（3）**疏果**。花后3周进行疏果，疏除并生果、畸形果、小果和密挤果，保持果间距10厘米以上。一般长果枝留3~5个果，中果枝留2~3个果，短果枝留1个果。定果后要及时摘除幼果上的残花，否则会在果面上造成黑斑或引起烂果，严重影响果实质量。

## 12. 大棚桃树的病虫害防治方法有哪些？

温室果树的主要病虫害有蚜虫、红蜘蛛、潜叶蛾和穿孔病、疮痂病、炭疽病、根癌病等。尤其是注意病害的提前预防。防治桃蚜，在芽萌动初期用70%吡虫啉4 000倍液喷雾。防治红蜘蛛，用螨死净或尼索朗2 500倍液。防治潜叶蛾，用灭幼脲3号或甲维盐3 000倍液喷雾。防治穿孔病、疮痂病、炭疽病，在花露红时喷施80%戊唑醇5 000倍液加5%氯溴异氰尿酸3 000倍液，在果实成熟前喷施 2%宁南霉素 1 000 倍液。防治根癌病害，用根癌灵 400 倍灌根。

## 13. 进行大棚桃树的疏花疏果需注意哪些方面?

以疏蕾为主，适宜期在花蕾开始露红、开花前 4～5 天起进行，此期进行只需用手指轻拨就可去掉花蕾。疏蕾时应去掉那些发育差、个小、畸形的个体。在长果枝上疏掉前部和后部花蕾，留中间位置的；短果枝和花束状果枝则去掉后部花蕾，留前端的；双花芽节位只留 1 个花蕾。所留花蕾最好位于果树两侧或斜下侧。一般长果枝留 5～6 个，中果枝留 3～4 个，短果枝和花束状果枝留 2～3 个，预备枝上不留蕾。操作中掌握幼旺树少疏多留，盛果期树留量适中，老弱树少留多疏，外围枝多留少疏，内膛枝多疏少留。壮枝多留少疏，弱枝多疏少留。无花粉品种也应疏蕾，然后进行授粉，以提高坐果。当花量大时，花期也可疏花，盛果期树和坐果稳定品种疏花（蕾）量可达 70%。

疏果一般分两次进行，第一次在第一次生理落果之后，谢花后 20 天左右的 5 月上旬进行。此时已能分辨出果的大小。应疏掉发育不良、畸形、直立着的生果和小果、无叶果，留生长匀称的长形大果。已进行过细致疏花的树，可不进行此次疏果，否则会疏掉总果数的 60%～70%。第二次疏果也称为定果，谢花后 5～6 周的 5 月下旬至 6 月上旬进行，在第二次生理落果之后硬核前。先疏早熟品种、大果型品种、坐果率高的品种和盛果期树。第二次生理落果迟的品种宜晚疏。

## 14. 进行大棚桃树的定果需注意哪些方面?

定果应根据树势、树龄和肥水条件确定留果量。操作中可根据果枝种类和长势确定。长果枝留 2～4 个；中果枝留 1～3 个；短果枝弱的不留果、壮枝留 1 果；粗壮花束状果枝一般留 1 果。大果型品种少留果，小果型品种多留果。土壤肥水条件好的适当多留。

为了便于疏果时掌握，可把盛果期大久保的留果标准做参考。

全树叶果比（25～30）∶1。各类果枝留果量为：长果枝 1～1.5
个，中果枝 0.5～1 个，短果枝 0.2～0.5 个，花束状果枝 0.1～
0.2 个，全树平均 0.5 个/枝。如果每亩果枝留量 3 万个，则留果
量为 1.5 万个，土壤肥水条件好的产量可达 2 500 千克/亩，果个
较大，平均 6～8 个/千克。

# 三、葡　　萄

## 1. 为什么要注意葡萄秋冬季管理?

　　冬季管理是葡萄管理的重要时期，如果忽视当年采后管理，经
常会导致植株郁蔽、病害发生严重、花芽分化不好、落叶提前、枝
条不充实等现象发生，使得树势减弱，养分积累不足，造成翌年春
季葡萄发芽率低，萌芽不整齐，对翌年葡萄产量和质量都有很大影
响。加强此期管理，方能保证葡萄产业持续稳定发展。

## 2. 葡萄园为什么要在秋季施基肥?

　　基肥多在秋季葡萄采收后进行，有以下原因：
　　①葡萄植株经春夏季生长和结果，树体营养消耗很大，急需补
充养分。秋季施基肥可迅速恢复树势。秋季温度较高，有利于有机
肥的分解，而且植株叶片仍有较强的光合能力，施用基肥后，营养
元素供应充足，叶片将继续制造大量的营养物质，促使新梢充分生
长成熟和花芽深度分化，且将大量养分贮藏于根、茎中，为葡萄的
越冬和翌年生长结果打下良好的物质基础。
　　②秋季早施基肥，被切断的根系愈合较快，能迅速生长出新的
须根；而春季土温较低，根系切断后不易愈合，肥料分解较慢，不
能适应春季葡萄旺盛生长的需要。
　　③秋季施基肥避免了因施肥而造成的土壤干旱，秋施基肥水源
足、气温高，可使肥料及早分解被根系吸收，使葡萄秋叶制造更多
的养分，供葡萄越冬和春季生长之用。如春季施肥，则达不到上述
结果。

### 3. 葡萄秋施基肥的合适时间?

可以分别在收获和落叶环节进行。

①收获时。在葡萄收获后进行施肥,有利于根系的再生,如果这一环节没有及时供给肥料,将造成葡萄的根际不能及时吸收养分,不利于葡萄的再次生长。

②落叶时。在葡萄落叶前后期进行施肥,可以增加土地的营养含量,提高土壤肥力,对葡萄树的根基也具有保护作用。

基肥是葡萄园施肥中最重要的一环,从葡萄采收前后到土壤封冻前均可进行。但生产实践表明,秋施基肥愈早愈好。一般说来,早中熟葡萄在采收后半月即可施入,晚熟葡萄在采收前施入,最晚在10月上旬施完为好。

### 4. 葡萄如何进行秋季沟状施肥?

沟状施肥一般是指沿定植行开沟施肥。若定植前第一次施基肥,可沿定植沟向外开30厘米宽、60厘米深的沟。开沟时,表土、生土分开放。施肥前,先回填一层(10厘米左右)表土;再施入基肥;填表土;然后,将土、肥搅拌几次;最后,将生土回填至沟平,余土作埂,便于浇水。

### 5. 进行秋季施肥应注意哪些问题?

①基肥以有机肥为主,一定要腐熟后施,特别是鸡粪。②避免伤害粗根。③可根据园中土壤的含肥情况,酌加缺乏的元素,特别是一些中微量元素。④施肥后一定要浇一次透水。⑤酌定施肥量。在有机肥充足的条件下,每亩施优质农家肥4 000~5 000千克,这样有利于浆果品质的提高。⑥施用基肥多采用开沟施肥的方法,沟的深度与宽度随树龄的增加而加大。⑦幼树可在定植沟的两侧挖沟,也可在株间挖沟。成龄树一般采用隔年隔行轮换开沟施基肥的方法,篱架栽培的沟深、宽40~60厘米,棚架栽培的沟深60~80厘米,沟宽50厘米左右。⑧葡萄树肥料以有机肥为主,施肥量在

亩地块 3 000～5 000 千克、钾肥 16 千克、过磷酸钙 35 千克。其次，也可以酌量施钙肥，采用挖沟施肥方式，一般沟深 45 厘米、宽 35 厘米，施肥完后用土覆盖。

## 6. 葡萄枝条修剪需注意哪些方面？

葡萄收获后，需要调整葡萄架面，保证较好的空气流通。剪除较为贫瘠、稀少的枝干及较高枝条和密度较小的枝干、病虫害枝干等，保证葡萄树木的健康成长和健康枝条的营养供给。葡萄树的剪枝作业通常在叶落后进行，保证当时叶子没有被封冻。对于单一架面，首先选择出主要枝干，然后剪切掉较为细小、密度较小、重叠、受病虫害影响的枝干。对于一年生枝条，其剪切程度要依据芽的位置、生长形势和枝条的粗壮程度决定。

在葡萄树萌芽时期，对于果实产量较好的葡萄品种要进行中梢修剪作业；对于萌芽能力较差、果实产量较少的葡萄品种，要进行中长梢修剪作业，修剪时注意以葡萄树的中梢和较长的树梢为主。剪切较短的树梢时，留 2～3 个葡萄芽；进行中梢剪切作业时，留 5～8 个葡萄芽；进行长梢剪切作业时，留 9～11 个葡萄芽。

秋冬季节，杂草生长较快，注意及时清除杂草，避免杂草大范围生长而影响葡萄树的整体生长，为秋冬季节的葡萄树生长创造良好的生活环境。

## 7. 如何进行葡萄秋季的田间管理？

（1）抗旱保叶。干旱对植株叶片影响最大，常引起叶片过早地枯死和脱落，不利于树体积累养分。8～10 月，葡萄常面临秋旱威胁，因此要注意抗旱灌溉，如果连续 15～20 天出现干旱天气，就要灌溉。灌溉可选用沟灌和穴灌等方式。沟灌是在葡萄行间开沟，深 20～25 厘米，宽 40～50 厘米，并与灌溉水道垂直。行距 2 米的成年葡萄园在 2 行之间开 1 条沟即可，灌溉完毕将沟填平。穴灌是在主干周围挖穴，将水灌入其中，以灌满为度，穴的数量依树龄大小而定，一般 4～8 个，直径 30 厘米左右，穴深以不伤根为准，灌溉后将土还原。严禁漫灌、猛灌、久灌。

（2）抑制枝蔓。果实采收后，葡萄枝蔓持续生长，将消耗树体养分，由此应采取摘心、抹除副梢等措施控制其生长，以减少养分的无效消耗，促使主蔓及被保留的副梢粗壮，芽体饱满充实。也可用喷0.05％的丁酰肼溶液抑制旺长。同时，还应对枝蔓进行合理的修剪，粗壮的枝多留，瘦弱的枝少留，过密枝、细弱枝、病虫枝应及早疏除。

（3）中耕松土。秋季果园杂草丛生，土壤透气性差，因此，采果后要及时中耕除草，并进行深翻，这样既有利于园内土壤疏松透气又可保水保肥，促进新根新梢生长。

（4）减少损伤。有些农户在葡萄采收后，大量剪除副梢和老叶，这样既影响当年枝条成熟，又易逼发冬芽，严重影响翌年植株的生长和结果，一般采后不摘叶、少除梢，尽量保留健壮枝叶。同时，在田间作业时要防止机械损伤枝叶，以保证枝蔓正常老熟。

## 8. 葡萄秋季的病虫害防治需注意哪些问题？

病虫害是影响秋冬季节葡萄树健康的主要因素，因此，要重视对葡萄树病虫害的防治，保证葡萄树健康生长。

①对收获后的葡萄树进行病虫害的预防和管理，可以消除病虫害来源，为翌年种植奠定良好的基础。喷施多菌灵和甲基硫菌灵可以有效清除病虫害。

②修剪葡萄树之后，及时清理修剪掉的病虫害枝条，避免病虫害的二次扩散。在枝条修剪结束5~8天后，喷洒4~5波美度石硫合剂，对整个葡萄园进行消毒，消除病源和虫源，降低病虫侵袭的发生。

③采果后，8~9月是霜霉病的发病盛期，其主要症状是叶片受害后，初期呈现半透明、边界不清晰的油渍状小斑点，多个病斑常相互联合成大块病斑，多呈黄色至褐色多角形。天气潮湿或湿度过高时，在病斑背面产生白色霜霉层，常引起叶片焦枯早落。因此，采果后要立即清扫果园，清除病枝叶，进行土壤深翻；科学施

肥，加强管理。在植株生长期间，避免偏施氮肥，增施腐熟有机肥和磷、钾肥，提高植株的抗病力；及时整枝，合理修剪，防止枝蔓和叶片过密；进行药物防治，采果后立即喷施 1∶（0.5～0.7）∶200 倍式波尔多液，预防霜霉病的发生，抓住病菌侵染前的关键时期喷施第一次药，以后每隔半月喷 1 次，一般喷 3～4 次；发病后及时喷施 65％代森锌可湿性粉剂 500 倍液，或 40％三乙膦酸铝可湿性粉剂 300 倍液，每隔 7～10 天喷 1 次，连喷 2～3 次。

## 9. 葡萄园如何进行越冬防寒?

在冬季最低温度小于－14℃的地区必须要进行埋土防寒，否则葡萄不能安全越冬，目前全国各地主要采用以下几种越冬防寒技术，应结合自身葡萄基地立地条件合理应用。

**(1) 沙埋或土埋防寒。**先将冬剪的葡萄枝蔓顺沟捆扎好，在葡萄树主干两侧 0.8 米以外的行间取土，不得离根部太近，以免使寒冷气流从取土沟处向葡萄树根部侵袭，造成根系冻害。防寒埋土的宽度（底宽）不能小于 1.2 米，正面呈弧形，厚度为 0.5 米，保证土层高出葡萄枝蔓 0.2 米以上，埋后用锹将土层拍实即可。当然，埋防寒土的厚度还应结合当地的土质条件，沙土地埋土厚些，而且为了防止风蚀，在地表向风坡扎一些稻草防沙障，以防风吹暴露出葡萄枝蔓，降低冻害和抽干的发生。

**(2) 秸秆埋土防寒。**先将冬剪的葡萄枝蔓顺沟捆扎好，在葡萄树主干四周用秸秆堆压 0.2 米，然后再用土埋压秸秆，埋土厚度为 0.2 米左右，这样会大大降低埋土量，翌年秸秆还可以用于还田肥地，效果较好。

**(3) 开沟埋土法。**在行边离主干 0.2～0.3 米处顺行向开一条宽深各 0.3～0.4 米的防寒沟，将枝蔓放入沟中，然后用土掩埋高出葡萄枝蔓 0.2 米以上即可。该方法取土量小，对生态保护有一定好处。

**(4) 塑料薄膜防寒。**将冬剪后的枝蔓捆扎好，在枝蔓上盖少许土，然后再用塑料薄膜覆盖，四周用土压严，防止冬季被风吹掉，效果极佳，但较费工。

**（5）覆盖防寒材料。**近年来，广大科技工作者对葡萄冬季覆盖材料进行研究，有一些成功的事例，但仍处于研究阶段，只能小面积推广示范。

# 四、桑 树

## 1. 春季桑园管理需要注意哪些方面？

立春后气温逐渐回升，土壤逐步解冻，但桑树还处于休眠、病虫害蛰伏时期，正是桑园春季管理的有利时机，各地要针对上一年暖冬、桑园病虫害越冬基数高的特点，在严格做好个人防护的基础上，结合实际情况重点做好以下桑园田间管护工作：

**（1）枯死桩清理。**利用修枝剪、手锯等工具，对多年生的桑树枯死桩进行清理，剪除细弱枝和病虫枝，有效清除树干内的越冬病虫如天牛、桑象虫、桑疫病等，防治病虫害蔓延。

**（2）桑树剪梢。**做好桑园剪梢工作，对于冬季未剪梢的桑园，应及时进行水平剪梢，即在桑树枝条 100～120 厘米处水平剪伐，耐寒品种如选 792 应适当轻剪梢；对有桑疫病等病虫害的枝条剪到病枝向下 10 厘米。冬春修剪有利于树体集中养分，强化树势，以增加新梢芽、提高发芽率，可增加桑叶产量 10% 以上，还能有效减少病虫害发生。

**（3）桑园清洁。**全面清除桑园内的枯枝、落叶及修剪剪除的枝条、病枝枯桩等废物，将散落在桑园四周的杂草杂物也应一并清除，挖坑集中烧毁深埋，尽可能减少害虫寄生场所。

## 2. 春季如何给桑园合理施肥？

切实做好春季施肥工作，提高桑树发芽率，促进春季芽叶生长提高春季产叶量。化肥应分两次施入。第一次在 3 月下旬至清明前后，俗称催芽肥，亩施桑园专用肥 50 千克（或尿素 40 千克），如秋冬季未施有机肥，应同时施用腐熟好的优质农家肥 2 000～2 500

千克；第二次在 4 月中旬施入，俗称长叶肥，亩施碳酸氢铵 30 千克、过磷酸钙 15 千克、氯化钾 10 千克，注意氮、磷、钾肥的合理搭配。施肥方式可以采用穴施或沟施，并及时覆土。

果桑冬春季施入有机肥后，可少量或不施化肥，以防止枝叶的过度生长而影响桑葚的产量和品质。

### 3. 桑树的病虫害防控需要注意哪些方面？

春季主要害虫为桑尺蠖、枣尺蠖、桑毛虫、桑象虫。可选用 20％毒死蜱乳油（残毒期 15 天左右）1 000 倍液、40％丙溴磷乳油（残毒期 20 天以上）1 000～1 500 倍液喷雾防治，丙溴磷对害虫也有触杀作用，但应注意只能在桑树发芽前使用。

### 4. 果桑园春季如何做好菌核病的防治？

（1）要确保桑园排水通畅，花期保证地表干燥，减少病菌繁殖量。上一年菌核病严重的桑园，桑树开花前用地膜覆盖地面，防止病菌孢子飞散。

（2）桑园和桑树消毒，桑树发芽前 1 周用高锰酸钾 2 000 倍液喷洒地面和桑树。

（3）喷药防治，在果桑初花时喷第一次药，间隔 7 天再喷 1～2 次。主要农药及用量：50％腐霉利可湿性粉剂 1 500 倍液、50％乙烯菌核利可湿性粉剂 1 500 倍液、70％甲基硫菌灵加 80％代森锰锌（1∶1）可湿性粉剂 1 000 倍液、50％多菌灵可湿性粉剂 1 000 倍液、40％菌核净可湿性粉剂 1 000 倍液，注意农药轮换使用。

### 5. 鲁桑 1 号饲料桑品种特性如何？

鲁桑 1 号是山东省蚕业研究所选育的杂交桑新品系，具有高产、优质、抗逆性强等特点。适于高密度、草本化栽培、机械化收获，可作为养蚕、饲料、生态桑使用。

与沙 2×伦教 109 相比，鲁桑 1 号的叶产量提高 6.7％；叶条比为 0.992 6∶1，提高 5％；抗寒性提高 10％以上。现作为小蚕

1～3龄人工饲料育、大蚕4～5龄条桑育高效、省力、规模化蚕桑生产新模式的配套桑品种。在山东蚕区，高密度、草本化栽培、机械化收获的鲁桑1号的亩产茧量较常规栽培模式提高将近1倍，由于采用机械化收获、条桑饲育，工效提高2倍左右；栽植当年即可收获两次，达到丰产水平，常规栽培第三年才能达到丰产。高密度、草本化栽培、机械化收获在长江流域每年可收获5次左右，枝条、叶产量5 000千克左右，桑叶2 500千克左右（用作饲料原料，枝条、叶可一起使用）鲁桑1号已在山东、新疆、陕西、河北、浙江、内蒙古等省示范推广，可在国内蚕区栽植推广。

## 6. 高密度、草本化栽培、机械化收获技术要点有哪些?

（1）**栽植密度**。每亩栽植4 000株左右。

（2）**栽植形式**。采取宽窄行式栽培。宽行行距80～100厘米，窄行行距40厘米，株距25厘米。宽行用于施肥、翻耕和桑叶机械化收获等桑园管理。

（3）**栽植深度**。栽植深度要比普通桑园适当深栽，以埋没苗干青黄交界处以上5～10厘米为宜。

（4）**定植**。拉绳或划线栽植，做到植行整齐，便于机械收获，同时须苗干端正，根系舒展，培土踏实。

（5）**浇定根水**。定植结束后顺桑行浇足定根水。

（6）**培垄**。采用无干栽培方式，苗木离地面1～2厘米平茬。

（7）**收获时间**。株高1.00～1.20米进行剪伐。

## 7. 选792桑树的品种特性有哪些?

（1）**形态特征**。树形直立，枝态稍扩散，条直而长，无侧枝，粗细中等，节间较密，3.5厘米左右，树皮褐色，皮孔大，皮孔个数4个/厘米$^2$，圆形，黄褐色。冬芽正三角形，紧贴枝条着生，深褐色，鳞片包被较紧，副芽较少，单侧生，叶序2/5，芽褥较突出。叶长卵圆形，大小中等，稍下垂着生，一般叶长23厘米，叶幅 17 厘米，叶色深绿、光泽强，叶肉厚，叶面平滑，叶脉较突出，平行生长，叶尖锐头近短尾状，叶缘钝锯齿，叶基截形，叶柄粗细中等而略长。开雌花，先叶后花，桑葚紫黑色，较少。

**(2) 栽培特性。**山东烟台栽培，发芽期 4 月 24～28 日，开叶期 5 月 1～10 日，发芽率 73%，生长芽率 15%，成熟期 5 月 16 日左右，是晚生中熟品种。秋季硬化期在 9 月上旬末，每米条产叶量：春季 112 克/米、秋季 138 克/米，每千克叶片数：春季 410片、秋季 190 片，叶片占条、梢、叶、椹总重量的 49.79%。

**(3) 产量、品质、抗逆性等表现。**产叶量高，单位面积产叶量比湖桑 32 号春季高 20%～30%、夏秋季高 5%～15%、全年高 15%～18%。叶质优，用该品种桑叶喂蚕，万蚕收茧量与万蚕茧层量比湖桑 32 号提高 5% 左右，吨桑产茧量提高 10% 以上。用该品种饲育原蚕，单蛾产卵量等多项成绩也都优于湖桑 32 号。另外，鲜茧茧层率可提高 0.6%，鲜毛茧出丝率、上茧率、解舒率等项目也有提高。抗寒、抗风、抗旱能力强，较抗桑黄化型萎缩病。

## 8. 选 792 桑树的栽培技术要点有哪些？

①春季产叶量高，要施足春肥，春肥施入量可占全年的 40%。晚秋蚕期若水肥不足，会造成硬化早、落叶多，因此要晚施多施秋肥，最后一次秋肥可在 8 月下旬至 9 月上旬施入。薄岭山区或低产桑园或水肥难以保证的地块，要谨慎选择。

②叶片厚，秋蚕期采摘稚蚕用叶困难，最好与 30% 的 8033、7946 配合栽植，既便于小蚕用叶，又保证了大蚕叶质。要注意桑疫病的防治。

③选 792 树形紧凑，枝条直立，栽植密度应适当大一些，一般每公顷栽植 2 万～3 万株。行距 1.2～1.5 米，株距 0.25～0.4 米。栽植密度与丰产速度呈正相关，即栽植越密，丰产速度越快，应遵循苗贱密栽、苗贵稀栽的原则，以栽植时投资到第三、四年仍有效益为度。另外，土地肥沃的高产桑园应适当稀栽，中低产桑园适当密栽。

## 9. 选 792 桑树的适宜区域和推广应用现状如何？

长江流域和黄河中下游各种土壤类型均可种植，现在我国各主要蚕区均推广应用。

## 10. 昂绿 1 号的品种特性有哪些？

（1）**形态特征**。树形直立，枝条长而直，枝条皮色灰。皮孔大小中，皮孔个数 5 个/厘米$^2$；冬芽短三角形，黄色，着生状态为尖离；副芽数量少。叶较厚，叶形浅裂叶，平伸着生，叶尖短尾状，叶缘乳头齿，叶基心形，叶色翠绿，叶面光泽较强、光滑、微皱。雄花，花穗小而少。

（2）**品种特性**。山东烟台栽植，发芽期、开叶期与同类主栽品种湖桑 32 号相仿或推迟 1～2 天，中生中熟品种。

（3）**产量、品质、抗逆性等表现**。产叶量高，全年产叶量比湖桑 32 号高 12.73%；叶质优良，养蚕 4 项鉴定成绩（万蚕收茧量、万蚕茧层量、吨桑收茧量、吨桑茧层量）比湖桑 32 号分别高：4.04%、1.96%、4.55% 和 2.58%；

## 11. 昂绿 1 号的栽培技术要点有哪些？

专家：①昂绿 1 号叶片小，并且有裂叶，透光性较好，应适当密植，以每公顷栽植 2.2 万～3 万株为宜。

②昂绿 1 号叶片小，采摘片叶时，较大叶品种相对费工，最好作为条桑育品种推广应用。

③昂绿 1 号春季发芽率高，非条桑收获地块，春季要轻剪梢，以发挥春季增产潜能，以剪 1/10～1/7 为宜。

④昂绿 1 号发条力强，耐剪伐，枝条粗细中等，片叶率较高，是优良的条桑育品种。

## 12. 昂绿 1 号的适宜区域和推广应用现状如何？

适合黄河流域长江以北地区栽植。山东蚕区均有应用。

## 13. 鲁诱 1 号的品种特征有哪些?

**(1) 形态特征。**树形较开展,枝条较粗,长度中等,节间较密,3.3 厘米左右,皮褐色,无侧枝,皮孔较稀少,圆形,黄褐色;冬芽小三角形,深褐色,贴生,副芽较少,芽褥较突出;叶心脏形,稍下垂着生,叶片较大,一般叶长 24 厘米、叶幅 22 厘米,叶色深绿,光泽强,叶肉厚,叶面平滑,叶脉粗壮突出,叶尖锐,头近短尾状,叶缘钝锯齿,叶基截形,叶柄较粗;开雌花,先叶后花,桑葚较少,紫黑色。

**(2) 品种特性。**山东烟台栽植,发芽期、成熟期比湖桑 32 号早 1~2 天,中生中熟品种。每米条产叶量春季 209 克/米、秋季 135 克/米,每千克叶片数秋季 157 片。

**(3) 产量、品质、抗逆性等表现。**产叶量高,比湖桑 32 号春季提高 17.10%,夏秋季提高 7.81%,全年提高 12.47%。米条产叶量春季提高 84.53%,夏秋季提高 55.8%。叶质优,是优良的种茧育桑品种,饲育原蚕的制种成绩比湖桑 32 号单蛾产卵量高 13%以上。

## 14. 鲁诱 1 号的栽培技术要点有哪些?

①鲁诱 1 号适合低干养成,栽植密度,一般每公顷 2 万~3 万株为宜,行距 1.2~1.5 米,株距 0.25~0.4 米。

②鲁诱 1 号枝条充实,发芽率较高,冬春剪梢要轻,以 1/10~1/5 为宜。

③鲁诱 1 号发条力较差,耐瘠薄能力较差,需要中等肥力以上的土质并配合较好的肥水管理,尤其中晚秋要加强肥水管理。

④鲁诱 1 号叶片厚,小蚕期采叶困难,最好其他品种搭配栽植。

## 15. 鲁诱 1 号的适宜区域和推广应用现状如何?

黄河流域各种土壤类型均可种植。山东蚕区均有应用。

# 五、蓝　莓

## 1. 适合山东种植的蓝莓品种有哪些?

蓝莓栽培种群主要包括北高灌蓝莓（Northern Highbush）、南高灌蓝莓（Southern Highbush）、兔眼蓝莓（Rabbiteye）、半高灌蓝莓（Half Highbush）、矮灌蓝莓（Lowbush）品种群。山东省栽培种群以品质最优的北高灌蓝莓和南高灌蓝莓为主，栽培面积较大的品种包括都克、蓝丰、喜来、伯克利等，其他品种如奥尼尔、薄雾、日出、佐治亚宝石、斯巴坦、夏普蓝等也有适量栽培。

（1）都克（Duke）。又称公爵。1986年美国农业部与新泽西州农业试验站合作育成，亲本为（Ivanhoe×Earliblue）×（E-30×E-11）。树体生长旺盛，树冠开张。适应性强，丰产性好。果实中到大型，亮蓝，果蒂痕小，果实硬度大，风味好，经冷藏后芳香味更浓。花期较晚，可避开晚霜危害，自花授粉结实率高。枝蔓粗壮，侧枝萌发率中等，树冠稀疏，枝芽耐寒性强，果实分两批即可完全采收。在泰安市成熟期为6月15～25日。

（2）蓝丰（Bluecrop）。美国农业部1952年育成，亲本为（Jersey×Pioneer）×（Stanley×June）。树姿直立，长势中庸，连年丰产。抗裂果、耐干旱。适于机械采收。果实大型，亮蓝，品质中等，果蒂痕小。果实成熟期比都克晚5天。该品种是目前世界上种植面积最大的品种。

（3）喜来（Sierra）。美国农业部1988年育成，亲本为US169×G-156。为 *V. darrowi*、*V. corymbosum*、*V. ashei* 和 *V. consfablaei* 的杂交种。需冷量较高（1000c.u）。生长势强，直立，丰产稳产。果个大，果蒂痕小，极易干缩。果实外观颜色美丽，风味佳，硬度大。果实成熟期同都克，喜来在美国有望替代蓝丰，成为下一代主栽品种。由于该品种为4个种的杂交种，其耐寒性需进一步测试。

（4）伯克利（Berkeley）。美国农业部1949年育成，亲本为Jersey×Pioneer。树姿直立，长势旺盛，树冠开张。栽于黏重土壤产量高。果实中大，亮蓝，品质上等，果蒂痕大，抗裂果。该品种采收过晚会影响翌年产量，机械采收易折断枝条。果实成熟期比都克晚 15 天。

（5）薄雾（Misty）。1989 年育成，亲本为 Fla67-1 × Avon-blue。树体高大、直立，果实美观，亮蓝色，硬度大，果蒂痕小。插条生根容易。需冷量为 150 小时。

（6）奥尼尔（O'Neal）。1987 年育成，亲本为 Wolcott × Fla64-15。树体长势旺，半直立，花期长。果实极大，硬度大，果蒂痕小，风味佳。抗枝溃疡病。需冷量 400～500 小时。开花早，对晚霜敏感。

## 2. 蓝莓种植管理技术有哪些？

山东省蓝莓有 3 种栽培模式：露地栽培、温室栽培和塑料冷棚栽培。露地栽培是最常规的栽培方式，面积最大，约 5 万亩。温室栽培和塑料冷棚栽培可人为控制蓝莓生长环境，使果实提前成熟上市，提高效益。塑料冷棚建造成本低，可比露地提前 20 天左右上市。温室栽培成本较高，但可将白天温度有效控制在 20～25℃，使夜间温度不低于 5℃，比露地提前 50～60 天上市。

## 3. 蓝莓种植如何选择园地？

高灌蓝莓为多年生落叶灌木，属浅根性无根毛的果树植物，喜透气性良好的沙壤土，pH4.0～5.0 的（酸性）土壤为最适。在山东省沙石山冲积形成微酸性土壤，冬季定植之前可施用 150 千克/公顷的硫黄粉中耕，以降低土壤的 pH。栽培早中熟品种的地方无霜期 120～140 天，晚熟品种无霜期至少在 160 天。高灌蓝莓不耐夏季高温和强光，在夏季高温条件下最好有遮阳网，地温过高影响根系生长，强光对叶片有一定伤害。

## 4. 泰安地区蓝莓如何定植？

在山东泰安的气候条件下，春季移栽到田间的北高灌篮莓试管苗，到秋季许多新梢顶部能形成花芽。冬季定植前每亩使用 150 千克硫黄粉、200 千克硫酸亚铁以降低土壤的 pH，每亩使用 10 米³ 牛粪，此外，每株施草炭至少 2 千克以增加土壤有机质含量。定植后 4～5 年进入结果盛期，成年植株高度 2.0 米左右。因此，建议采用 2 年生苗建园，定植的株行距 1 米×2 米。定植后树盘内实行覆草。

## 5. 蓝莓定植后的管理需注意哪些问题？

定植当年应剪去所有的花芽，疏除细弱枝。蓝莓的根系为须根系，无根毛，根系分布层浅，因此应加强土肥水管理，特别是应保证充分供水。新梢旺长期，根据新梢叶片的形态来确定土壤施硫酸亚铁肥、氮肥（碳酸氢铵或硫酸铵）及有机或无机复合肥。定植当年冬季应扣塑料薄膜拱棚防止抽条。

## 6. 蓝莓的病害防治方法有哪些？

蓝莓相对于桃树、梨树等大宗水果，病虫害较少，但也要注意防治。主要病害有枝枯病、叶斑病及根腐病。

①枝枯病防治。剪去有症状的枝条之下 15～20 厘米，并销毁；加强水肥管理，增强树势，保持园区卫生，修剪后把病枝、老枝等及时清理出园区焚烧；温室内应控制温湿度，定时开棚放风；雨后及时排水。药剂防治可用唑醚·啶酰菌胺 1 000 倍液喷雾；嘧菌环胺·咯菌腈 1 500～3 000 倍液喷雾；吡唑嘧菌酯 2 000 倍液喷雾。

②叶斑病防治。可用苯醚甲环唑 2 000 倍液喷雾；嘧菌酯 1 500 倍液喷雾；多氧霉素 B 1 500 倍液喷雾。

③根腐病防治。合理的土肥管理，增强树势；避免种植在低洼处；连续阴雨天气保持垄内排水通畅，避免积水；农事操作避免伤根。药剂防治可用噁霉灵＋甲霜灵 800 倍液灌根，哈茨木霉菌 300 倍液灌根使用。

## 7. 蓝莓的虫害防治方法有哪些？

**（1）蚜虫和螨类害虫。** 可以喷施乙酸铜、吡蚜酮等防治蚜虫及其他幼虫。螨类害虫可用哒螨酮等加以防治。

**（2）蛴螬。**灯光诱杀，根据金龟子的趋光性，利用黑光灯诱杀成虫，降低蛴螬的危害。药剂可用 50％辛硫磷乳油 800～1 000 倍液灌根。

**（3）斑翅果蝇。**

①清园。及时采摘成熟果实，清除园中落果、过熟果及腐烂果并作深埋处理，可有效减少该虫的种群数量。

②成虫诱捕。在诱捕器中装入苹果醋，液面高约 2 厘米，并加入酵母或香蕉片，将诱捕器悬挂于寄主作物中诱捕成虫，并且通过诱捕可监测斑翅果蝇发生动态，监测时间一般在寄主作物开始授粉时进行。

③诱杀防除。用性外诱剂和含有诱饵成分的杀虫剂（GF-120）喷洒黄粘板，诱杀斑翅果蝇。该方法对天敌等非目标昆虫影响小。

④化学防治。采用拟除虫菊酯、氯氰菊酯等药剂，隔 3～10 天喷 1 次，连喷两次，对斑翅果蝇的防治效果显著。

# 六、果树病害防治

## 1. 果树的枝干病害有哪些？

常见的枝干病害有枝枯病、干腐病、流胶病、丛枝病、木腐病。

## 2. 果树干腐病的症状有哪些？

主要危害主干及大枝。发病初期，病斑暗褐色，形状不规则，病部树皮坚硬，常渗出茶褐色黏液，果农俗称"胃油"。后期病部干缩凹陷，周缘开裂，表面密生小黑点，为分生孢子器和子囊壳。严重时，可引起全枝乃至全树枯死。

## 3. 如何防治果树干腐病？

注重栽培管理，增强树势，提高树体抗病能力。加强树体保护，尽量减少机械伤口、冻伤和虫伤，及时剪除枯死枝。发现病斑时及时刮治，并用消毒剂加以消毒，消毒剂可用1%硫酸铜或用10波美度以上的石硫合剂。刮下的树皮销毁。早春萌芽前喷10波美度石硫合剂，生长季可在枝干涂刷腐必清10倍液。

## 4. 果树流胶病的症状有哪些？

流胶病是甜樱桃枝干上的一种重要的非侵染性病害。病害发生极为普遍，发病原因复杂，规律难以掌握。染病后树势衰弱，抗旱、抗寒性减弱，影响花芽分化及产量，重者造成死树。

在主枝、主干以及当年生新梢上均可发生，以皮孔为中心发病，在树皮的伤口、皮孔、裂缝、芽基部流出无色半透明稀薄的胶质物，很黏。干后变黄褐色，质地变硬，结晶状，有的呈琥珀状胶块，有的能拉成胶状丝。

春季随温度的上升和雨季的来临开始发病，且病情日趋严重。在降雨期间，发病较重，特别是连续阴雨天气，病部渗出大量的胶液。

随着气温的降低和降雨量的减少，病势发展缓慢，逐渐减轻和停止。虫害的发生程度与流胶病关系密切，危害枝干的吉丁虫、红颈天牛、桑白蚧等是流胶病发生的主要原因之一。

霜害、冻伤、日灼伤、机械损伤、剪锯口、伤根多、氮肥过量、结果过多或秋季雨水过多、排水不良等均可引起流胶病的发生。

## 5. 如何防治果树流胶病？

加强栽培管理、改良土壤、抓好病虫害防治是防治流胶病的根本方法。合理修剪，增强树势，保证植株健壮生长，提高抗性。增施有机肥，改良土壤结构，增强土壤通透性，控制氮肥用量。

雨季及时排水，防止园内积水。尽量避免机械性损伤、冻害、日灼等，修剪造成的较大伤口时要涂保护剂。

此外，也可以用药剂防治。在施药前将坏死病部刮除，然后均匀涂抹一层药剂。在冬春季用生石灰混合液、50%的多菌灵200倍液、70%的甲基硫菌灵300倍液或石硫合剂原液均有一定的效果。在生长季节，对发病部位及时刮治，用甲紫溶液或50%的多菌灵100倍液加维生素 $B_6$ 涂抹病斑，然后用塑料薄膜包扎密封。

### 6. 木腐病的症状有哪些？

主要危害枝干心材，使木质部腐朽，变得疏松，最后形成空洞，受害部位常呈褐至灰褐色子实体。病原菌以菌丝体在病部越冬，菌丝为多年生，在被害部位产生子实体，形成担孢子，借风雨传播，通过剪锯口、虫伤等伤口侵入。

植株树势衰弱时发病重，老树和管理水平低下的果园发病重，修剪操作粗糙、留下大量枯桩的果园发病重。被害部位以树干基部最重，越往上越轻，新梢不受害。

### 7. 如何防治木腐病？

病菌绝大部分由剪锯口、虫口及其他伤口侵入，因此保护树体，尽量减少伤口，对预防此病发生最重要。木腐病的防治方法重在加强栽培管理，增施肥料，保持树体健壮，提高抗病力。

还要及早清理病死树、枯死树桩，剪锯口修成平滑状，涂药剂（果树愈合剂）封闭保护，促其尽快愈合。刮出子实体，清除腐朽木质，用煤焦油消毒保护，也可用1%硫酸铜消毒，用消石灰与水搅成糊状堵塞树洞。

### 8. 丛枝病的症状有哪些？

主要危害嫩梢。新梢受害后直立，叶片簇生，基部粗肿。病叶小而肥厚，叶缘向内卷曲、色淡。后期，病叶表面产生白色粉末状物。病菌刺激枝条上的芽，使之大量萌芽发成小枝，小枝再萌发次生小枝，如此反复，使病枝呈簇生状。病枝可存活数年，但不能正常开花结果。

## 9. 如何防治丛枝病?

加强栽培管理,增强树势。发现病梢及时彻底剪除,集中烧毁。早春萌芽前,全树细致均匀地喷布一次10波美度石硫合剂。若当年发病严重,果园内病菌基数大,可在落叶后喷一次2%~3%的硫酸铜,杀死附着在冬芽或树皮上的越冬孢子。

## 10. 枝枯病的症状有哪些?

枝条染病,皮部松弛稍皱缩,上生黑色小粒点,即病原菌分生孢子器。粗枝染病,病部四周略隆起,中央凹陷,呈纵向开裂,呈开花馒头状。严重时,导致枝条大量枯死,影响树势。

发病规律:病菌以子座或菌丝体在病部组织内越冬,条件适宜时产生分生孢子,借风雨传播,侵入枝条,病菌可以进行多次再侵染,导致该病不断扩展。3~4年生树受害重。

## 11. 危害果树根系的病害有哪些?

危害果树根系常见的病害有根癌病、根腐病、紫纹羽病、白纹羽病。

## 12. 根癌病的症状有哪些?

根癌病是细菌性病害。根癌病又名根瘤病、冠瘿病、根头癌肿病等,主要发生在根颈部,主根、侧根也有发生。瘤形状不定,多为球形。初生瘤乳白色,渐变浅褐至深褐色,表面粗糙不平。鲜瘤横剖面核心部坚硬、木质化、乳白色,老瘤核心变褐色。有的瘤似数瘤连体。根癌病菌在肿瘤组织的皮层内越冬,或当肿瘤组织腐烂破裂时混入土中,土壤中的根癌病菌亦能存活1年以上。由于根癌病菌的寄主范围广,土壤带菌是病害主要来源。病菌主要通过雨水和灌溉流水传播;此外,地下害虫如蝼蛄和土壤线虫等也可以传播;而苗木带菌则是病害远距离传播的主要途径。育苗地重茬发病多,前茬为甘薯时尤其严重。严重地块病株率达90%以上。土壤湿度大，利于病菌侵染和发病；土温 22℃时最适于根癌病的发生，超过 30℃时几乎不发生。碱性土利于发病，酸性土壤病害较少，土质黏重、地势低洼、排水不良的果园发病较重。

## 13. 如何防治根癌病？

**（1）严格检疫和苗木消毒。**对于可能带病的苗木和接穗，应进行消毒，可用 1％的硫酸铜液浸 5 分钟或 2％石灰液浸 1～2 分钟。苗木消毒后再定植。定植前根系浸蘸 K84 菌剂，对根瘤病的防治效果较好。

**（2）加强果园管理。**对中性或微碱性土壤，应增施有机肥，提高土壤酸度，改善土壤结构；注意防治地下害虫和土壤线虫，减少虫伤；平时注意雨后排水，降低土壤湿度。加强肥水管理，增强树势，提高抗病力。

**（3）刮除病瘤或清除病株。**发现园中有个别病株时应扒开根周围土壤，用锋利小刀将肿瘤彻底切除，直至露出无病的木质部。刮除的病残组织应集中烧毁并涂以高浓度石硫合剂或波尔多液保护伤口，以免再受感染。

## 14. 根腐病的症状有哪些？

病树外观生长不良，叶色黄、早落，最后植株枯死。夏季，病株忽然萎蔫，其症状通常先在 1～2 个大枝出现，1～2 年后扩展到全树。树根和根茎枯死。在枯死的褐色树皮和木质部之间，出现白色或浅黄色、扁平、扇状、羽绒状的菌块，逐渐变黑褐色，稍带光泽。腐朽的树皮不酸，也不腐烂，但发出很浓的腥味，这是鉴定本病的特征之一。病菌也传入下面的木质部，引起均匀的白腐。

## 15. 如何防治根腐病？

**（1）加强果园管理。**地下水位高的果园，应做好开沟排水工作，雨后及时排除积水。注意改良土壤，增施肥料，合理整形修剪，调节果树负载量，加强对其他病虫害的防治，促使根系生长旺盛，增强树体抗病力。

（2）**清除病根**。对整条腐烂根，要从根基部锯除，同时，仔细刮除根颈处患病皮层，并且向下直至将病根挖净。如大部分根系发病，要彻底清除所有病根，在清除病根过程中，需细心保护健根，不要轻易损伤。对伤口须用杀菌剂涂抹或喷布消毒，再涂以波尔多浆等保护剂。

常用消毒剂有 1％～2％硫酸铜溶液，五氯酚钠的 250～300 倍液或 50％退菌特可湿性粉剂 200 倍液，50％多菌灵 200 倍液等。最后用无病土或药土覆盖。药土的配制，可用 70％五氯硝基苯以 1：（100～500）的比例与换入新土混合即成。将药土均匀地施于根部，8～10 年生大树，每株 0.25 千克左右即可。

## 16. 白纹羽病的症状有哪些？

感病植株可能很快枯死，也可能年内慢慢枯死，或几年才枯死。迅速枯死的树，叶片仍附着树上；逐渐枯死的树叶片细小，通常呈枯萎状，但新梢尚能从基部抽出。由于根系严重恶化，易把病株从土内拔出。通常病株易在地平线处折断，这是因为病菌的寄生使木质部弱化的原因。

地平线以下的树皮变黑，也容易脱落，在根头出现黑色的胶状溢出物。在潮湿情况下被感染的根表面，病菌形成许多菌丝，呈白色羽绒状。菌丝多沿小根生长，通常在根周围的土粒空间形成扁的菌丝束，后期菌丝束色变暗，外观为茶褐色或褐色。

## 17. 如何防治白纹羽病？

建园时选栽无病壮苗，起苗和调运时，应严格检验，剔出病苗。如认为苗木染病时，可用 10％的硫酸铜溶液，或 20％石灰水，70％甲基硫菌灵 500 倍液浸渍 1 小时后再栽植。

# 食 用 菌

## 1. 平菇生产特点有哪些？

平菇是山东省第一大栽培菇类，占到全省食用菌年总产量的1/3，栽培历史较长，生产经验丰富，栽培技术易掌握，单产水平高，生产条件要求简单，投资较少，见效快，已成为一种大众化消费的食用菌，市场销售量大，生产效益相对稳定。但由于平菇绝大多数是菇农分散式栽培，设施条件较差，生产方式较为粗放，不注重环境卫生管理，杂菌和病虫害发生较为普遍，严重影响了平菇的高产稳产。同时，不科学的防治措施和流通手段也使平菇鲜菇品质和质量安全受到威胁，导致市场受阻、栽培效益大幅降低。因此，平菇产业亟须提质增效精细化栽培管理。

## 2. 平菇的栽培原料是什么？

主料：棉籽壳、玉米芯、废棉渣、棉秆、玉米秸、麦秸、豆秸、花生秧、花生壳、甘薯秧、蔬菜秸秆、阔叶树木屑、木糖醇渣、菌渣废料、中药渣、牧草渣、果渣、牛粪、杂草、树叶等，都可作为栽培基质。

辅料：麸皮、米糠、玉米粉、植物饼粉、豆渣、淀粉渣、虫粪沙以及尿素、粗糖、石膏粉、贝壳粉、过磷酸钙、石灰粉等。

### 3. 平菇的栽培设施有哪些？

平菇栽培设施多样：普通冬暖大棚、半地下式塑料大棚、简易大拱棚、双网双膜风帘新型菇棚、林间地沟小拱棚、菌菜一体化阴阳复合棚、砖混结构层架菇房、光伏食用菌大棚、闲置房屋等均可。

### 4. 平菇的生产季节怎么安排？

平菇栽培品种最多，适应的出菇温度范围较广，一年四季均可栽培。大棚栽培以早秋—初冬播种为宜，此时温度适合菌丝生长，中秋—元旦菌丝长满，气温下降，昼夜温差加大，有利于子实体发生和生长，但要注意冬季连续阴冷雾霾天气下保温和通风管理。若春季至夏季栽培中高温平菇品种，最好采取熟料栽培，应用新型降温阴棚出菇，利用遮阳网和防虫纱网，湿帘加风机，微喷管道系统，降温、通风、保湿兼顾。

### 5. 平菇从温型上怎样分类？

从温型上分为：低温型（7～16℃）、中温型（15～25℃）、高温型（18～33℃）、广温型（8～30℃）。菌丝生长的最适温度22～26℃（15～28℃）；子实体生长（分化、发育）最适温度：8～28℃。变温结实型：分化时需8～10℃的昼夜温差刺激。

常用栽培品种有：抗病3号：冬季主栽品种，中低温，灰黑色，叶片肉厚，菌柄硬质，抗病性好，生物转化率可达150%。

### 6. 平菇发菌管理有哪些技术措施？

发菌质量直接关系到平菇产量水平及其抗病性。要在洁净、通风良好、光线较暗的场所发菌。气温高时，可双层单行放置；温度过低时，可排放5～6层，双行或多行并列。在袋料中插上温度计，每天观察2～3次，料温控制在18～25℃，不低于15℃，不超过28℃，昼夜温差不宜过大，空气相对湿度以60%～65%为宜。发菌 1 周后可采取人工辅助发菌，在菌种层部位扎微孔，或适度松动袋口；每两周倒翻菌袋 1 次，上下调换位置。

## 7. 平菇发菌过程中要注意什么？

①注意预防菌袋料温长期超过 30℃，防止"烧菌"现象发生。可通过发酵处理、预留中空通气孔等方式防控。

②通风换气，加强供氧操作，采用人工辅助快速发菌。菌袋菌丝萌发 10 厘米后，从菌袋两端分别均匀扎 3 个孔，直径 2.5 厘米，深度 10 厘米。

③多环节预防和控制杂菌污染。

## 8. 平菇怎样进行出菇管理？

优化出菇方式是平菇优质高产的保证。采用菌墙填土栽培和菌袋小口定位出菇方式，可以提高平菇产量和品质；高温季节可采用地床立栽半覆土或地面单层横排出菇方式。菇棚内墙式排袋，每层菌袋之间用竹竿隔开，以利通风散热。菌袋发满后在适宜条件下，原基即从菌袋两端发菌时扎的 3 个通气孔的位置或划口处分化，逐步形成子实体，而不从其他位置分化。墙式小孔定位出菇技术利于料面保湿，子实体商品性状好。

在出菇期间，应根据不同品种温型和栽培季节，调节好温度、湿度、通风、光照之间的关系，保持一定的昼夜温差，喷水要采用雾化水，不要一次过多，定时通风换气，有一定的散射光照。

注意及时清理废弃物，保持环境卫生。

## 9. 夏季高温平菇反季节栽培有哪些技术要点？

①菇棚顶部架空覆设遮阳网，或采用黑白膜反热降温，可加盖草苫和毡被提高隔热效果，安装"水帘＋风机＋微喷"增湿降温通风系统。

②熟料栽培代替生料和发酵料栽培，液体菌种快速发菌，低温条件下培养。

③采用自动喷灌系统，利用雾化喷头进行增湿。

## 10. 平菇生理性病害现象或症状有哪些？

①播种后菌种不吃料。
②培养料酸败、污染严重。
③发菌后期吃料慢、迟迟不满袋。
④"烧菌"。
⑤菌丝未发满就出菇。
⑥菌丝发满后不出菇。
⑦畸形菇、死菇、烂菇。
⑧转潮困难、后期产量低。

## 11. 平菇生产结束后怎样进行换茬管理？菌渣怎么处理？

①集中出菇季节，减控病虫害发生。
②栽培结束后及时清棚消毒处理。
③菌渣循环利用和综合利用。

## 12. 鸡腿菇作为一个优势特色菇种，有哪些营养及保健价值？市场前景如何？

鸡腿菇又名鸡腿蘑、毛头鬼伞、刺蘑菇，幼时肉质细嫩，鲜美可口，是一种食、药兼用菌，味甘性平，有益脾胃、助消化、清心安神、治痔、降血糖、抗癌等功效。每100克鸡腿菇干菇中，含蛋白质25.4克、脂肪3.3克、总糖58.8克、灰分12.5克。含有20种氨基酸，其中人体必需的8种氨基酸全部具备。其氨基酸比例合理，在菇类中氨基酸含量较高，味道鲜浓，特别是赖氨酸和亮氨酸的含量十分丰富。此外，还含有丰富的钙、磷、铁、钾等元素和维生素 $B_1$ 等多种维生素。

鸡腿菇鲜菇、干片菇、罐头菇等产品，在国内国际市场上很受欢迎。鸡腿菇是山东省食用菌产业的一大支柱品种，生长条件粗放，产量高，出口量大，其栽培技术易掌握，发展前景好。

## 13. 鸡腿菇的栽培原料是什么？

主料：玉米芯、废棉渣、棉籽壳、玉米秸、麦秸、豆秸、花生秧、甘薯、酒糟和其他菌渣废料、农副产品加工下脚料等。

辅料：麸皮、米糠、玉米粉、植物饼粉、麦饭石水溶硅肥、石膏粉、磷肥、石灰粉等。

栽培原料必须新鲜、干燥，不霉变，配料时一定注意碳源与氮源的比例，否则会影响产量。

## 14. 鸡腿菇的栽培设施有哪些？ 土洞菇房有什么优势？

栽培设施：控温大棚、土洞菇房、人防山洞、废窑洞、林地弓棚、周年化菇棚等。

土洞菇房冬暖夏凉，常年 12～20℃，洞内空气自然湿度均匀适宜，可人工通风，尤适于鸡腿菇优质栽培，品质好，产量高，环境条件便于调控和规范管理。

## 15. 鸡腿菇品种适宜的温度范围？ 生产季节怎么安排？

鸡腿菇菌丝生长的温度范围 3～35℃，最适生长温度 22～28℃。菌丝体的抗寒能力很强，35℃ 以上时菌丝易发生自溶现象。子实体的形成需要低温刺激，当温度降到 9～18℃ 时，鸡腿菇菇蕾就会破土而出。低于 8℃ 或高于 30℃，子实体均不易形成。在 12～17℃ 范围内，子实体发育慢，个头大，品质优良，贮存期长。

20℃ 以上生长快，菌柄易伸长、开伞和自溶。大棚栽培，在 15～22℃ 时子实体发生数量最多，产量最高。

大棚生产以春秋季出菇为主，冬季出菇需加热保温管理；土洞栽培可周年进行，全年可生产 4～5 批。

## 16. 鸡腿菇有哪些栽培特性？

鸡腿菇子实体一般群生，在常温下保鲜期极短，易开伞并墨汁化，即使贮放在低温冷藏箱内也易开伞。因此需及时采收并保鲜处理。

鸡腿菇是一种适应能力极强的草腐、土生菌，其子实体形成需要覆土及土壤微生物等刺激。覆土以有一定黏性的肥沃菜园土为好，也可选用添加一定量的腐殖土或草炭土，沙土产量较低。

## 17. 鸡腿菇生产工艺有哪几种？有哪些栽培方式？

栽培工艺：生料、熟料、发酵料均可，以发酵料栽培工艺为主；栽培方式：床栽、袋栽、箱栽、菌包栽培等。菌丝体较耐老化，覆土出菇。

## 18. 鸡腿菇栽培有哪些高产配方？栽培料怎样处理？

**（1）配方一。**粉碎的玉米芯或废棉渣 60 千克，菌渣 40 千克，麦麸 5 千克，石灰 3 千克，石膏粉 1 千克，磷肥 1.5 千克，棉饼粉 3 千克或尿素 0.5 千克，或加干鸡粪 15 千克。料水比为 1∶1.7 左右。

发酵处理方法：把玉米芯或废棉渣用石灰水拌湿堆闷 24 小时，再与菌渣、麦麸、干鸡粪等混合均匀，建堆发酵。料温达到 65℃ 时，维持 24 小时后翻堆，重复翻堆共 3 次。发酵好的料为棕褐色，无异味，含水量 65%，料温降到 30℃ 以下铺入畦床内。

**（2）配方二。**酒糟栽培料：酒糟含有大量的粗蛋白质、粗纤维、糖分及丰富的维生素、微量元素等，处理后可配料栽培鸡腿菇。酒糟的处理方法：新鲜酒糟中含有对鸡腿菇菌丝生长不利的醇、醛类物质，酸性较大，且含水量高，需经预处理。应加入 3% 的石灰，拌匀后摊开晾晒 4~5 小时，勤翻料，促进水分和有害物质挥发。

预处理后的酒糟 100 千克（折干），加经 3% 石灰水拌湿处理的玉米芯 30 千克及石膏粉 1 千克，加适量水充分拌匀，堆积发酵后调 pH7.5，含水量 60%～65%。

**(3) 配方三。**玉米秸秆 60 千克、水洗牛粪 30 千克、麸皮 10 千克、饼粉 3 千克、尿素 0.5 千克、过磷酸钙 1.5 千克、石灰 3 千克、石膏粉 1 千克、料水比为 1∶1.6 左右。

发酵处理：选取地势较高、平坦硬化、朝阳的场地，将 1 000～2 000 千克培料（干）建成一半球形料堆，从堆底中心的预留空间引出一根通风管，外接一台小型鼓风机，堆表面拍平后，均匀向堆心的预留空间插通气孔。建堆完毕，最后用塑料薄膜覆盖料堆并将周边压实。当发酵料层最高温度达到 65℃ 以上，用鼓风机进行间歇式鼓风，每次 0.5 小时左右，间歇 2～3 小时，夜晚停止鼓风，覆盖草苫，维持 24 小时后进行第一次翻堆。翻堆时应将堆表层料翻至内部，上部和底层料翻至堆中间。翻堆后重新建堆，再次升温后，按第一次发酵升温通风方式进行间歇式鼓风，以此类推，共翻堆 3～4 次。最后一次翻堆后，将料堆封盖薄膜，不再通风，使其自然升温，当料温全面、均匀达到 60℃ 时，保持 24 小时后摊堆，充分晾排余热及废气。发酵好的栽培料呈棕褐色，无异味，用石灰水调 pH7.5～8.0. 含水量 65% 左右。发酵总时间为 7～9 天。

**(4) 其他配方。**

配方 1：棉籽壳 100 千克、酒糟 400 千克（折干）、石灰 15 千克、磷酸二氢钾 2 千克、硫酸镁 2.5 千克、石膏粉 12.5 千克。

配方 2：棉籽壳 150 千克、玉米芯 300 千克、麸皮 50 千克、石灰 12.5 千克、磷酸二氢钾 2 千克。

配方 3：平菇废菌糠 275 千克、玉米芯 175 千克、麸皮 50 千克、石灰水 15 千克、磷酸二氢钾 2 千克、硫酸镁 2.5 千克、石膏粉 10 千克。

配方 4：菇类菌糠 75 千克、棉籽壳 22 千克、石膏粉 1 千克、石灰 2 千克。

配方 5：玉米芯 80 千克、干畜粪 10 千克、麦麸 6 千克、草木灰 2 千克、石膏 2 千克。

### 19. 鸡腿菇栽培装袋与播种有什么要求？

原料经堆积发酵处理后，可进行装袋与播种。采用三层菌种、两层料的层播方式进行播种。装好袋发菌1周后在菌种层部位扎微孔，以促进发菌。一般细袋栽培：筒膜规格为45厘米×26厘米，料长约25厘米；粗菌包栽培：筒膜规格为65厘米×55厘米，料厚约12厘米。用种量均为培养料的10%以上。

### 20. 鸡腿菇发菌管理有哪些技术措施？

播种后控制好培养室的温度、湿度和通风条件，以促进菌种快速萌动，恢复生长，同时要预防杂菌的发生和发展。发菌阶段室温控制在20～25℃，料温一般不超过26℃，空气相对湿度控制在65%以下，保持空气新鲜，遮光培养，并勤倒袋、常检查，发现杂菌污染袋，及时挑出处理。接种后10天左右在料袋菌种层部位扎微孔，并撒石灰粉，以促进发菌。经30～40天，菌丝可长满菌袋。

### 21. 鸡腿菇出菇对覆土的要求是什么？

覆土材料应使用天然的、未受污染的草炭土、林地腐殖土或农田耕作层以下的黏壤土，或配制复合土。要求结构疏松，孔隙度大，通气性好，持水性强，有一定团粒结构，土粒大小以直径0.5～2.0厘米为宜，pH6.8～7.5。无杂质、无虫螨、无杂菌、无异味、无污染。

### 22. 鸡腿菇栽培覆土怎么操作和管理？

菌丝满袋后再培养7～10天，即可进行覆土。在塑料大棚内出菇，按南北走向建造宽约90厘米、深15厘米的地畦，在畦底和畦的四周撒一层石灰粉。将发好菌的菌袋脱去薄膜，平躺在挖好的畦内，菌棒间留3～5厘米的空隙，用处理过的覆土将袋间空隙填平，浇一遍重水，在整个料面上覆厚约3厘米的湿润覆土，适量喷洒

1%的石灰水，最后用薄膜覆盖畦面保湿。

在土洞中出菇，靠洞壁两侧做畦，也可搭支架进行多层栽培，在畦底地面撒一层石灰粉，中间留操作道。畦宽约90厘米，二层床架宽约70厘米，菌包不脱袋平排于地床中或床架上，在整个出菇面上覆盖约3厘米厚的覆土，浇一遍透水后，地面环境均匀喷洒3%石灰水消毒保湿。菌袋经过覆土，10～15天菌丝就可以长透覆土层，再经7～8天即进入菇蕾分化期。

## 23. 鸡腿菇出菇需要哪些条件？

鸡腿菇健康出菇除需要适宜的温度范围和低温刺激分化现蕾外，还需适宜的湿度、通气和光照条件。

鸡腿菇培养料的含水量以60%～70%为宜。子实体发生时，空气相对湿度以85%～90%为宜，低于60%，菌盖表面鳞片反卷；湿度在95%以上时，菌盖易得斑点病。覆土层的含水量控制在25%～45%为佳（较双孢菇偏低）。

鸡腿菇子实体生长阶段，需氧量较大，在菇棚中栽培，子实体形成期间要求每天应通风换气2～3次以上，每次不少于半小时。特别是土洞和山洞栽培，通风不良会造成根基膨大、菌柄粗长中空、纤维增多、表面粗糙、菌盖短薄、发育迟缓异常，属生长缺陷，产量降低，商品质量差。

鸡腿菇菌丝生长基本不需要光线，可在黑暗条件下正常发菌，强光对其不利。但菇蕾分化和子实体发育长大时需要一定的光线，适宜的光照强度为200～500勒克斯。光线过暗，子实体生长缓慢、发育不良，易发病，菌盖色泽灰暗，商品价值低；光线过强，子实体的生长会受到抑制。

## 24. 鸡腿菇生长发育阶段怎样管理？

当覆土层有1/3出现菇蕾时，保持菇房内空气相对湿度85%～90%，并及时通风换气，促进幼菇健壮生长。

鸡腿菇的菇期管理主要是控温、保湿和通风。出菇温度控制在

13～18℃为宜，较低的温度可刺激菇蕾形成，要避免温差过大。在13～18℃的温度范围内，子实体生长慢、质量好；温度超过20℃，子实体生长快、质量差、易感病。

鸡腿菇幼蕾形成后不宜直接向出菇面喷浇水，以喷洒墙壁和浇湿走道为主，保持空气湿度；定期通风，保持空气新鲜，健壮菇体，防止畸形生长；出菇期可在黑暗条件下培养，或每天给予微弱的散射光或灯光光照，光线不宜太强。在适宜的条件下，经7～8天，鸡腿菇子实体基本成熟。

## 25. 怎么能够实现鸡腿菇优质高产标准化生产？

关键环节包括：栽培料发酵处理、覆土、病虫害预防、及时采收及采后处理、换茬清理消毒。

及时采收：鸡腿菇子实体成熟的速度快，必须在菇蕾至幼菇期采收。当菌环松动或脱落后采收，子实体在加工过程中菌盖易开裂、氧化褐变，甚至菌褶自溶流出黑褐色的孢子液而完全失去商品价值。

## 26. 鸡腿菇后潮菇怎么增产管理？

一潮菇采收后要及时清理料面，将残菇、病虫菇、死菇、烂菇、病料及其他杂质彻底挖除，移出菇房外深埋。间歇3天后，向菌床或出菇面喷一次重水，用水量为1.5～2.0千克/米²，再补平新土。一般经10天后可出二潮菇。

## 27. 鸡腿菇常见病虫害有哪些？

主要有石膏霉、鸡爪菌、褐腐病、黑头病、黑斑病、鬼伞菌、霉菌、黏菌、跳虫、线虫等。

石膏霉：畦床播种至菌袋覆土前后，在料表面或覆土表面，发生白色的圆斑，渐变粉红色，以后变成深黄褐色的粉状孢子圈。气流传播，常常反复感染，可造成鸡腿菇菌丝体死亡。

## 28. 鸡腿菇病虫害防治途径是什么？绿色防控技术要点有哪些？

**（1）防治途径。** 培养料处理，覆土消毒，环境消毒，出菇条件管理。

**（2）绿色防控技术要点。**

①预防为主，综合防治。

②菇房内外环境、菌床定期进行消毒杀虫处理，保持发菌场所、菇房及周围环境的清洁卫生，采用撒施石灰粉、喷洒漂白粉液等措施消毒处理。

③栽培管理预防为主，调控适宜的环境条件，预防发病。

④及时采收，换茬处理。

## 29. 鸡腿菇生产结束后怎样进行换茬管理？菌渣怎么处理？

大棚或土洞菇房在换茬栽培前要进行彻底消毒和杀虫处理，旧土洞应铲除洞壁墙土，用高浓度石灰水或波尔多液全面粉刷一遍。菌渣可堆积发酵后还田种植瓜菜果及其他经济作物。

## 30. 如何种植玉木耳？温度如何控制？

温度是影响玉木耳生长发育速度和生命活动强度的重要因素。玉木耳属中高温型菌类，它的孢子萌发温度在 22～32℃ 范围，以 30℃ 最适宜。菌丝在 8～36℃ 均能生长，但以 22～32℃ 为适宜，在 8℃ 以下、38℃ 以上受到抑制。玉木耳菌丝耐高温但不耐低温。长时间置于低温下可以致死玉木耳菌丝，因此玉木耳的保藏温度最好在 8℃ 以上。玉木耳属于恒温结实性菌类。子实体所需的温度低于菌丝体。玉木耳菌丝在 15～32℃ 条件下均能分化为子实体，而生长最适宜温度为 20～28℃。38℃ 以上受到抑制。温度稍低导致生长发育慢、生长周期长、菌丝体健壮，在适宜的温度范围内子实体色白、肉厚，有利于获得高产优质的玉木耳；温度越高生长发育速度越快，菌丝徒长易衰老，子实体肉薄且肉质差。

## 31. 玉木耳种植喜光吗?

玉木耳各个发育阶段对光照的要求不同。在黑暗或有散射光的环境中菌丝都能正常生长。光对玉木耳从营养生长转向生殖生长有促发作用，这可能与菌类生理转化的酶系光诱导或激活有关。在黑暗的环境中玉木耳很难形成子实体，只有具备一定的散射光才能生长出健壮子实体。但是玉木耳不喜直射光，直射光易影响玉木耳品质。

# 植物天敌工厂——熊蜂

## 1. 熊蜂授粉技术现在在农业生产当中普及度高吗？农民朋友对熊蜂授粉技术的认可度高吗？

目前熊蜂授粉技术可以说在世界上是被公认为温室大棚蔬菜授粉的最好的最先进的技术。目前在很多发达国家已经普遍应用，特别是西欧国家，在20世纪90年代开始已经开始普及了，欧盟国家的设施蔬菜全部都采用熊蜂授粉技术。

我国近十几年来也开始逐渐地采用熊蜂授粉技术，虽然在研究、产业化开发和应用方面比发达国家要晚一些，但是随着近年来设施农业的高度发展，我国在熊蜂授粉技术的应用上越来越多，每年大概有30万亩设施作物应用该技术，特别是茄果类的作物，如番茄、茄子等。山东地区应用得还不是很多，大概每年有5万亩左右。山东省的设施蔬菜面积很大，目前总的设施蔬菜面积已经将近1 600万亩，需要用熊蜂授粉技术的有300万亩左右。虽然普及程度还不高，但是有很大潜力。

## 2. 熊蜂授粉技术与激素点花相比，有哪些优势？

目前在生产上更多的农民朋友还采用激素点花的方法，就是给番茄、茄子这些作物需要人工辅助授粉的使用激素点花或蘸花或喷花这种方法来刺激作物坐果或果实膨大。用激素点花实际上不是一种真正的生物学上的授粉，因为它只是喷上激素。所谓的激素就是植物生长调节剂，像2,4-D等这些植物生长调节剂，也就是所谓的化学农药，来刺激坐果和果实膨大，并没有完成真正意义上的授粉。因此用激素点花的番茄，果实中没有种子的。人们在日常生活中经常见到番茄中没籽儿或是形成空果、空心果、果实里果汁果肉发育的不好，另外还有畸形的，外边就是歪歪扭扭的，或是带个尖的，或有裂瓣的，这些情况都是激素点花造成的。而使用熊蜂授粉之后就不会出现这些现象。

### 3. 熊蜂授粉与激素点花相比，有以下优势。

（1）**提高产量**。对普通番茄可以提高10％以上的产量，蔬菜茄子可以提高30％的产量，增幅还是很大的。原因是熊蜂授粉之后，果实里的种子特别多，能促进果实中果肉果汁的发育，使果肉果汁特别饱满，果重增加，不会有空果，可以显著提高产量。

（2）**提高品质**。首先是外观品质，熊蜂授粉之后不会有畸形果，都是完全自然的果形，不会有带尖、裂瓣的果实，商品果率提高。另外，可以提高内在的品质，熊蜂授粉之后，由于果实的果汁果肉发育的好，品尝起来的口感也很好。熊蜂授粉是纯天然的生物学上的授粉，因此果实品质能提高，销售的价格和收益也会提高。

（3）**省工省事**。使用激素点花，一般情况下，每一树果需要点两遍花，如果五、六树果的话，需要点十几次花。即一个季节的番茄，需要点十几次花，劳动量大，如果是雇工的话，得花费1 000多元成本。而使用熊蜂授粉技术非常省事，只需要把熊蜂放入大棚中就可以了，节约成本，熊蜂比雇佣劳动力成本要低。

（4）**无化学污染**。熊蜂授粉技术没有化学农药的污染，品质能够达到向发达国家出口的要求。

（5）**减轻病害**。使用熊蜂授粉技术在一定程度上还可以减轻病害的发生，因为熊蜂授粉后，花瓣萎缩，花瓣会被顶到果实顶部，自然脱落；而激素点花的花瓣会粘到果实基部和花托之间，容易诱发灰霉病，造成烂果。使用熊蜂授粉的番茄，灰霉病的发生概率降低。

## 4. 使用熊蜂授粉技术能否保证每朵花都授粉？

熊蜂的工作效率是非常高的，每一个工蜂每天的授粉数量在2 000～3 000朵花，假如一个大棚里边有5～6只工蜂，就能授粉10 000多朵花。经过调查表明，工蜂的访花率即授粉率能够达到98％以上，它的结果率能够能够达到95％以上，因此，基本可以保证每朵花都授粉。

## 5. 熊蜂的价格一只大概多少钱？

目前，市场售价是350～400元/箱，一般一个大棚里放1箱。购买熊蜂时，要购买合格的熊蜂，一般标准的授粉群，蜂箱里应该有60～80只工蜂和足够的幼蜂，包括幼虫、蛹、卵。

## 6. 熊蜂授粉与蜜蜂授粉相比，有哪些优势？

熊蜂授粉有自身生物学的特性，虽然熊蜂和蜜蜂都属于蜜蜂科，但是熊蜂的进化程度比蜜蜂要低一些，都属于社会性的昆虫。熊蜂和蜜蜂相比，在生物学上和形态学上有一些区别。

①熊蜂的喙比较稳，比较长，比蜜蜂要长一半，对深冠花的授粉更容易完成，效率更高。再一个就是熊蜂的采集能力比较强，1只工蜂每天可以访花2 000～3 000朵，比蜜蜂效率要高1倍以上。

②第二个熊蜂比较耐低温，熊蜂的出巢温度是8℃，一般的温室大棚即使在冬天也能达到这个温度。但是普通的蜜蜂，尤其是西方的意大利蜜蜂，它的出巢温度一般在14～15℃。因此，当天气比较冷时，授粉选择熊蜂更有优势。

③熊蜂比较温顺。由于蜜蜂的趋光性很强，如果把蜜蜂放到大棚里，蜜蜂会往墙上、玻璃墙上或是塑料薄膜上使劲撞；而熊蜂的趋光性比较差，信息交流系统也不发达，其在大棚里授粉访花的工作效率也比较高。

④熊蜂比蜜蜂的授粉的作物种类多，特别是像茄果类的作物。蜜蜂不喜欢番茄植株的气味，在番茄大棚里，蜜蜂不会访番茄花，它只会向这个棚膜上撞，直到死亡。所以蜜蜂不会为番茄、茄子这些作物来授粉。必须使用熊蜂。

⑤熊蜂是可以人工周年繁育，大规模繁育使其随用随育，非常方便。

专家：其实熊蜂和蜜蜂授粉一样都是目前最常见生物授粉方式，都可以避免激素点花的污染，但是它们各自授粉环境的特点不同，蜜蜂比较适于大田农作物的授粉，而熊蜂则更适于设施农作物的授粉。

**（1）访花效率更高，访花速度快。**熊蜂每分钟访花 20 朵，蜜蜂每分钟访花 5 朵。携粉量大，熊蜂采粉量是蜜蜂的 4 倍以上。授粉更充分，熊蜂的体积是蜜蜂的 2 倍以上，浑身布满绒毛，访花时它会在花朵上 360° 旋转，一次访花即可完成授粉；蜜蜂访花时仅在花的一侧停留，一般需 3 次访花才可完成授粉。

**（2）访花更及时充分，耐低温。**熊蜂在温度 8℃ 以上即可出巢访花；蜜蜂在 16℃ 以上才出巢访花。耐低光照。熊蜂在阴天也出巢访花；蜜蜂在阴天基本不出巢。趋光性差，不撞棚。熊蜂能够快速适应棚室封闭环境；蜜蜂不适应棚室环境，常有撞棚现象发生。

**（3）授粉更专业。**熊蜂质量稳定，全年供应；蜜蜂授粉为养蜂之副业，质量无标准，效果无保障。熊蜂不酿蜜，专门采集花粉，所有出巢熊蜂均采粉；蜜蜂出巢需分别进行采水、采蜜、采粉和试飞，仅有 4% 的出巢蜜蜂从事采粉工作。熊蜂作为一种商品，操作简便，一般无需对蜂群进行任何管理和操作；蜜蜂蜂群管理操作复杂，一般需进行饲料配制和饲喂等工作。2011 年欧盟颁布法规全面禁止激素使用，欧盟地区的设施果菜 100% 使用熊蜂授粉。

**（4）果形更好，收益更高。**熊蜂能够确保连续、及时、充分地授粉，经熊蜂授粉的果菜果形更圆正、果个更大，能够显著提高头 1~2 茬果的收益。熊蜂访花路线呈曲线，而蜜蜂呈直线，因而能够带来更多的杂交授粉机会，从而保证更高的坐果率。

## 7. 熊蜂在温室大棚里一般是怎样使用的？

**(1) 授粉时期。** 一般在番茄、茄子、草莓或大棚果树等这些作物开始开花或有少量开花时，就可以使用熊蜂。一般 10%～20% 的开花，就可以将熊蜂群放进大棚内开始授粉。1 箱熊蜂一般可以为 1.5～2 亩的作物来授粉。如果开花数量比较多，比如大棚樱桃，那么 1 亩大棚需要 2 箱熊蜂。

**(2) 蜂箱位置。** 蜂箱的安置在生产工作中尽量不要受潮。冬季大棚里面温度比较低，尽量将蜂箱放到靠上的位置，如日光温室中北面的墙体顶部或上部，不要让蜂箱温度过低。夏季大棚温度比较高，尽量将蜂箱靠下安置，放置在阴凉的地方，或给蜂箱搭建简易遮阳网，降低蜂箱的温度。普通大棚里的适宜温度在 10～35℃ 即可。初次放入蜂箱时先静置一段时间，然后再把蜂箱的出风口打开，熊蜂就会自动飞出。

**(3) 熊蜂喂养。** 一般的，熊蜂不像蜜蜂需要专门喂养，蜂箱里面加入足够的糖水即可。一般情况下，一群熊蜂可以使用大概 1.5～2 个月。

## 8. 怎么检查熊蜂授粉的效果？

一般情况下，每天有 5～6 只工蜂授粉就足够满足大棚的果菜授粉。检查授粉效果时，需观察花的颜色，如番茄花，熊蜂访花后，会留下褐色的标记，花蕊也会变褐色，没有访问的花仍然是乳黄色。若 60% 以上的花已经有标记了，就保证授粉没有问题。另外，需要在大棚上要安装防虫网，特别是在通风口要安装防止熊蜂飞出去。

## 9. 生物防治有什么优势？

首先，我们要清楚什么是生物防治。其实它与农业防治、物理防治、化学防治一样，是一种农业病虫害防治技术，同时它又具有一些其他防治措施没有的优势。

生物防治是指利用生物物种间的相互关系，以一种或一类生物控制另一种或另一类生物的方法。通过人为保护、繁殖释放等方式，利用有益生物（天敌）控制有害生物，简单来说，就是"一物"降"一物"，应用最广的是天敌昆虫。

生物防治最大的优点是绿色、不污染环境，这是化学农药等非生物防治病虫害方法所不能比的。另外，生物防治不受地形限制，在一定程度上还可保持生态平衡，对人和其他生物安全，防治效果比较持久，易与其他植物保护措施协调配合并能节约能源，已成为植物病虫害综合治理（IPM）中的一项重要措施。

## 10. 目前，蔬菜大棚中有哪些虫害？可应用哪些天敌昆虫防治？

设施蔬菜常见的世界性四大害虫有粉虱、蚜虫、蓟马、叶螨，它们的特点为体型小、繁殖力强、世代周期短、分布广泛、种群数量大、周年发生、危害严重。

粉虱可应用丽蚜小蜂、浅黄恩蚜小蜂防治；蚜虫可应用蚜茧蜂、食蚜瘿蚊、瓢虫、草蛉防治；蓟马可应用东亚小花蝽、胡瓜钝绥螨防治；叶螨可应用智利小植绥螨、巴氏新小绥螨防治。

## 11. 生物防治的效果如何？用法、用量、时间怎样掌控？

生物防治，尤其是天敌昆虫本身是没有问题的，天敌昆虫防治害虫的效果取决于使用技术方法是否得当。这也是生物防治与化学防治、物理防治等非生物防治方法最大的区别。

使用技术（用法、用量、时间），如防治粉虱的丽蚜小蜂，在刚发现粉虱时（定植后 1 周内）释放，每次悬挂 10 卡/亩，约 2 000 头，每隔 7～10 天，释放 1 次，连续释放 3～5 次，可有效、持续降低粉虱的发生概率，减少整个作物生长期内 60% 以上的化学杀虫剂的使用量。同时为增强生物防治的效果，应同时结合农业防治、物理防治等非生物防治手段。

## 12. 天敌生物防治在运用时应该注意什么问题？

选择优势天敌种类，选用本地天敌昆虫，抓住关键防治时期，采用合适防治策略，采取正确释放方法。同时还应与物理防治、农业防治等非化学防治方法和土壤消毒、健康栽培等的配套技术联合使用。

天敌昆虫和熊蜂生产是订单式生产，用户需提前做好种植计划，并提早预订，以免出现临时购买而买不到的尴尬情况。

# 第六章

# 畜 牧 家 禽

## 一、猪

### 1. 什么是猪呼吸道疾病？如何防治？

猪呼吸道疾病综合征的特征是生长速度降低、饲料利用率降低、食欲减退、咳嗽、呼吸困难，虽然总体死亡率不高，但可严重影响猪场的经济效益。目前，呼吸道疾病综合征出现了一些新的特点，一是表现为混合感染的病原体较前几年有所变化，病原体为肺炎支原体、繁殖与呼吸综合征病毒、2型圆环病毒等的感染为主，再结合其他细菌继发或混合感染；二是发病时间的改变，表现为断奶后各个阶段的猪均可发病，即从断奶后2周开始，一直到育肥期都可以发生呼吸道疾病综合征。

猪咳嗽有可能是猪气喘病，又名猪喘气病、猪霉形体肺炎或猪支原体肺炎，国外称地方性肺炎。猪咳嗽发病无年龄、品种、性别、季节性，哺乳仔猪和幼猪的发病率、死亡率较高，其次为怀孕后期及哺乳母猪。寒冷、潮湿、多雨、饲养管理不当、卫生条件不佳等均可诱发本病或加重病情。病猪康复后带菌时间较长，有的长达1年左右。

在冬春交替、断奶前后、转圈前后，必须进行呼吸道疾病的保健。

## 2. 什么是猪腹泻病？

仔猪因肠道内尚未建立稳定的微生态系统，自身抵抗力较低，对外界刺激敏感，易受各种病原微生物的侵袭和各种应激因素的影响。哺乳仔猪以传染性腹泻较为常见，而保育仔猪以日粮抗原过敏、断奶、饲料突然更换、寒冷、环境应激等非传染性因素引起的腹泻为主。这两种因素关系十分密切，既相互影响，又互为因果，常呈多重感染或交叉混合感染。这也是老百姓经常说到的小猪怕拉。

猪传染性胃肠炎由猪传染性胃肠炎病毒引起，能感染各个年龄的猪，尤以 10 日龄以内的仔猪发病率和死亡率最高，幼龄仔猪死亡率可达 100%，5 周龄以上仔猪死亡率较低，成年猪几乎没有死亡。有明显的季节性，多发于冬春寒冷季节，传染迅速，常呈地方性流行。临床诊断以消化道感染为特征，其中以仔猪的症状最为严重，主要表现为体温升高、精神沉郁、排腥臭水样粪便、呕吐和高度脱水。随着年龄的增长其症状和死亡率都逐渐降低，患病仔猪排黄白色或灰暗色水样或糊状稀粪，症状与传染性胃肠炎相似，但较轻且缓和。

## 3. 如何科学选择猪饲料？

对于养猪户来说，养猪效益始终是第一追求，而饲料成本通常在养猪成本中占比达到近 70%，是对养猪效益影响最大的一项成本。因此，饲料的选择对养猪户来说非常重要。

**(1) 根据实际情况选择猪饲料。**早期断奶时要选择优质的乳猪料，满足其营养需要，避免断奶应激。在发酵床饲养时，不能使用含有抗生素的饲料；乳猪料和保育料一般选用颗粒料。

**(2) 根据猪的品种及生长需求选择猪饲料。**饲料配方是根据猪的不同品种、生理特征、生长阶段而科学配种的，猪在不同的时期，其营养需求不同，要适时调整。不能追求方便、省事，大猪还用小猪饲料，这样不能满足猪的营养需要，易造成生产性能下降。

（3）**选用优质、信誉好的饲料。**饲料原料要新鲜、优良，生产工艺先进，配方科学，质量有保证。不能贪图便宜，而使用有可能霉变等品质差的饲料。

（4）**选用新鲜、安全的饲料。**任何饲料都不能长时间保存，饲料越新鲜其营养价值越高，选择饲料时要注意其保质期，不能追求高利润而使用添加大量激素和抗生素的问题饲料。

（5）不能突然换料，要逐渐过渡，饲料要精细结合，营养全面均衡。

## 4. 猪水肿病的发病时间和原因是什么？

发病时间和原因：本病主要发生于每年的秋末冬初季节期间（10月至12月初），以11月发病最多。引起本病的是一种具有特异血清型的溶血性大肠杆菌所产生的毒素。肠道里有溶血性大肠杆菌，并不一定都发生本病。有毒因素要在肠内形成，并吸收到一定数量才能发病。溶血性大肠杆菌能否在肠内形成毒素，与机体抵抗力强弱及周围环境因素有关，特别是饲养管理条件不好时（如饲料单一、缺乏矿物质和维生素等），比较容易形成毒素，进而引起本病。

主要发病阶段：从猪的年龄上看，多发生于断乳前后的仔猪，特别是比较肥胖的仔猪更易发生本病，而且死亡率极高。肥猪、母猪均能发生本病，且治愈率也很低。因此，在秋冬之交期间，要特别重视此病的防治工作，避免或减少本病的发生。

## 5. 猪水肿病的症状与临床表现有哪些？

猪水肿病，也称为仔猪摇摆症或麻痹性中毒等，是由大肠杆菌引起的一种急性、致死性传染病。以出现水肿及神经症状为主要特征。

发病后的临床表现：猪患病后在眼睑、结膜、齿龈、脸部、颈部和腹部皮下出现水肿，严重的头顶甚至胸下部出现水肿。有的站立时弓背发抖、步态蹒跚，渐至不能站立，肌肉震颤，倒地四肢划动如游泳状，发出嘶哑的尖叫声，体温正常或偏低。病程短者数小时即可死亡。

## 6. 猪水肿病的防治方法有哪些？

基本防治方法：加强断奶前后仔猪的饲养管理，提早补料，训练采食，使断奶后能适应独立生活；断奶不要太突然，不要突然改变饲料和饲养方法；饲料喂量逐渐增加，防止饲料单一或过于浓厚，增加维生素丰富的饲料；病初投服适量缓泻盐类泻剂，促进胃肠蠕动和分泌，以排出肠内容物，常用的抗菌药物也可应用。减少应激，注意补充含无机盐和维生素的饲料，限食，适当增加纤维性饲料。在饲料中添加适当的抗菌药物，如新霉素、氮霉素等。可以预防本病的发生。

出现病症后一般难以治愈，一般用抗菌药物口服，用盐类泻剂，如芒硝、硫酸镁等，以抑制或排除肠道内细菌及其产物。

## 7. 非洲猪瘟的发病时间和原因是什么？

发病时间和原因：本病一年四季均可发生。在猪体内，非洲猪瘟病毒可在几种类型的细胞质中，尤其是网状内皮细胞和单核巨噬细胞中复制。该病毒可在钝缘蜱中增殖，并使其成为主要的传播媒介。本病毒能从被感染猪的血液、组织液、内脏及其他排泄物中证实出来，低温暗室内存在血液中之病毒可生存6年，室温中可存活数周，加热被病毒感染的血液55℃30分钟或60℃10分钟，病毒将被破坏，许多脂溶剂和消毒剂可以将其破坏。ASFV可经过口和上呼吸道系统进入猪体，在鼻咽部或是扁桃体发生感染，病毒迅速蔓延到下颌淋巴结，通过淋巴和血液遍布全身。

主要发病阶段：发病率通常在40％～85％，死亡率因感染的毒株不同而有所差异。高致病性毒株死亡率可高达90％～100％；中等致病性毒株在成年动物的死亡率在20％～40％，在幼年动物的死亡率在70％～80％；低致病性毒株死亡率在10％～30％。

## 8. 非洲猪瘟的症状与临床表现有哪些？

非洲猪瘟是一种急性、发热传染性很高的滤过性病毒所引起的猪病，其特征是发病过程短、死亡率高达100%，病猪临床表现为发热，皮肤发绀，淋巴结、肾、胃肠黏膜明显出血。

发病后的临床表现：突然高烧达41～42℃，稽留热4天。食欲缺乏，脉搏加速，呼吸加快，伴发咳嗽。眼、鼻有浆液性或黏脓性分泌物。皮肤充血、发绀，尤其在耳、鼻、腹壁、尾、外阴、肢端等无毛或少毛处，呈不规则的淤斑、血肿和坏死斑。呕吐，腹泻（有时粪便带血）。怀孕母猪可发生流产。发病后6～13天死亡，长的达20多天。家猪病死率通常可达100%。

## 9. 非洲猪瘟的防治方法有哪些？

饲养过程中，防止生猪与传染源接触，可有效预防该病发生。杜绝用未经高温消毒处理的泔水、食物残羹直接饲喂生猪。非洲猪瘟对环境耐受力非常强，可长期在自然条件下以及血液、粪便等污染的猪圈中保持感染力，因此严格执行清洁消毒措施十分重要。非洲猪瘟病毒不耐热，可通过蒸、煮、烧的方式消毒。某些种类的蜱是非洲猪瘟传播的生物媒介，一些吸血昆虫能够将病原从一个场带到另一个场，因此建议猪场定期杀虫。控制车辆物料入场，发现疑似病例立即隔离、送检、上报，密切关注邻近地区和周边猪场疫情状况，可以将防控级别提升至最高水平。

## 10. 猪蓝耳病的发病时间与原因是什么？

猪蓝耳病多发于高温高湿，蚊蝇滋生的夏季，且发病情况比较严重。当猪感染蓝耳病后，该病毒会随着猪血液进入肺泡内的巨噬细胞，致使猪患上严重的肺炎。蓝耳病病毒感染后的第二天，猪的肺部便出现损伤，如果没有及时治疗，大约1周后病毒会对整个肺尖叶造成巨大的损害，呈现出多病灶。另外，蓝耳病病毒在进入猪体后，能快速大量繁殖，使肺部的巨噬细胞被溶解裂解。巨噬细胞的数量会大大减少，肺泡内壁增厚，淋巴组织机能丧失。与此同时，该病可使机体对其他病毒与细菌的免疫与抵抗能力大大下降。最后，病毒进入猪体后还会发生变异，破坏了猪体内细胞免疫功能，导致更多疫病的并发和继发，使病情更加复杂。

主要发病阶段：本病是一种高度接触性传染病，呈地方流行性。只感染猪，各个品种、不同年龄和用途的猪均可感染，但以妊娠母猪和 1 月龄以内的仔猪最易感。

## 11. 猪蓝耳病的症状与临床表现有哪些？

猪蓝耳病曾称为神秘猪病、新猪病、猪流行性流产和呼吸综合征、猪繁殖与呼吸综合征、猪瘟疫等，我国将其列为二类传染病。猪蓝耳病接触传染性很高，有地方流行性特性。猪蓝耳病毒只会感染猪，其他动物不会感染，各种日龄、品种的猪都可以感染此病毒，其中在 1 月龄以内的仔猪和妊娠母猪是最易感猪群。

发病后的临床表现：

①母猪。发热、厌食，沉郁、昏睡，不同程度的呼吸困难，咳嗽。妊娠晚期流产、死胎、弱仔或早产。产后无乳，少数病猪耳部发紫、皮下出现血斑。个别母猪可见神经麻痹等症状。

②育成猪。双眼肿胀、结膜炎，有眼屎或脓性分泌物，并出现呼吸困难、耳尖发紫、沉郁昏睡等症状。公猪感染后表现咳嗽、精神沉郁、食欲缺乏、呼吸急促，暂时性精液减少和活力下降。

③仔猪。以 1 月龄内仔猪最易感染。体温可达 40℃以上，呼吸困难，有时腹式呼吸，食欲减退或废绝，后肢麻痹，共济失调，眼睑水肿，死亡率高达 80%。

## 12. 猪蓝耳病的防治方法有哪些？

坚持自繁自养的原则，建立稳定的种猪群，不轻易引种；建立健全规模化猪场的生物安全体系，定期对猪舍和环境进行消毒，保持猪舍、饲养管理用具及环境的清洁卫生；定期对猪群中猪繁殖与呼吸综合征病毒的感染状况进行监测，以了解该病在猪场的活动状况；关于疫苗接种，总的来说目前尚无十分有效的免疫防制措施，在感染猪场，可以考虑给母猪接种灭活疫苗；当猪场暴发猪蓝耳病时，可采取饲料中添加药物拌料或使用复方花青素＋泰乐菌素＋强力霉素等控制措施。

## 13. 猪瘟发病时间与原因是什么？

发病时间和原因：本病在自然条件下只感染猪，不同年龄、性别、品种的猪和野猪都易感，一年四季均可发生。病猪是主要传染源，病猪排泄物和分泌物，病死猪和脏器及尸体、急宰病猪的血、肉、内脏、废水、废料污染的饲料，饮水都可散播病毒，猪瘟的传播主要通过接触，经消化道感染。此外，患病和弱毒株感染的母猪也可以经胎盘垂直感染胎儿，产生弱仔猪、死胎、木乃伊胎等。

主要发病阶段：不同年龄、性别、品种的猪和野猪都易感。

## 14. 猪瘟的症状与临床表现有哪些？

猪瘟俗称烂肠瘟，是一种急性、接触性猪传染病，以高热、内脏器官严重出血和高死亡率为特征。

发病后的临床表现：

①急性型。病猪常无明显症状，突然死亡，一般出现在初发病地区和流行初期。病猪精神差，发热，体温在 40～42℃，呈现稽留热，喜卧、弓背、寒颤及行走摇晃。食欲减退或废绝，喜饮水，有的发生呕吐。结膜发炎，流脓性分泌物，将上下眼睑粘住、不能张开，鼻流脓性鼻液。发病初期便秘，干硬的粪球表面附有大量白色的肠黏液，后期腹泻，粪便恶臭，带有黏液或血液，病猪的鼻端、耳后根、腹部及四肢内侧的皮肤及齿龈、唇内、肛门等处黏膜出现针尖状出血点，指压不退色，腹股沟淋巴结肿大。公猪包皮发炎，阴鞘积尿，用手挤压时有恶臭浑浊液体射出。小猪可出现神经症状，表现磨牙、后退、转圈、强直、侧卧及游泳状，甚至昏迷等。

②慢性型。多由急性型转变而来，体温时高时低，食欲缺乏，

便秘与腹泻交替出现，逐渐消瘦、贫血，衰弱，被毛粗乱，行走时两后肢摇晃无力，步态不稳。有些病猪的耳尖、尾端和四肢下部呈蓝紫色或坏死、脱落，病程可长达1个月以上，最后衰弱死亡，死亡率极高。

## 15. 猪瘟的防治方法有哪些？

①预防：免疫接种。

②开展免疫监测，采用酶联免疫吸附试验或正向间接血凝试验等方法开展免疫抗体监测。及时淘汰隐性感染带毒种猪。

③坚持自繁自养、全进全出的饲养管理制度。

④做好猪场、猪舍的隔离、卫生、消毒和杀虫工作，减少猪瘟病毒的侵入。

## 16. 猪流行性腹泻的发病时间和原因是什么？

本病多发生于寒冷季节。病毒经口、鼻感染后，直接进入小肠。通过免疫荧光和电子显微镜检查，病毒的复制是在小肠和结肠绒毛上皮细胞质中进行。其他脏器内未发现病毒增殖。病毒增殖首先造成细胞器的损伤，继而出现细胞功能障碍。肠绒毛萎缩，造成了吸收表面积的减少、小肠黏膜碱性磷酸酶含量显著减少，进而引起营养物质吸收障碍，这是腹泻的主要原因，属于渗透性腹泻。严重腹泻引起脱水，是导致病猪死亡的主要原因。

主要发病阶段：各个年龄的猪都能感染发病。哺乳猪、架子猪或肥育猪的发病率很高，尤以哺乳猪受害最为严重。

## 17. 猪流行性腹泻的症状与临床表现有哪些？

猪流行性腹泻是由猪流行性腹泻病毒引起的一种接触性肠道传染病，其特征为呕吐、腹泻、脱水。临床变化和症状与猪传染性胃肠极为相似。

发病后的临床表现：主要的临床症状为水样腹泻，或在腹泻之间有呕吐。呕吐多发生于进食或吃奶后。症状的轻重随年龄的大小而有差异，年龄越小，症状越重。1周龄内新生仔猪发生腹泻后3~4天，呈现严重脱水而死亡，死亡率可达50%，最高的可达100%。病猪体温正常或稍高，精神沉郁，食欲减退或废绝。断奶猪、母猪常呈精神委顿、厌食和持续性腹泻大约1周，并逐渐恢复正常。少数猪恢复后生长发育不良。肥育猪在同圈饲养感染后都发生腹泻，1周后康复，死亡率1%~3%。成年猪症状较轻，有的仅表现呕吐，重者水样腹泻3~4天可自愈。

## 18. 猪流行性腹泻的防治方法有哪些？

①提高环境温度，特别是配怀舍、产房、保育舍；②加强营养，控制真菌毒素中毒；发生呕吐腹泻后立即封锁发病区和产房，尽量做到全部封锁；③对8~13日龄的呕吐腹泻猪用口服补液盐拌土霉素碱或诺氟沙星；④接种猪传染性胃肠炎、猪流行性腹泻二联苗。

## 19. 猪伪狂犬病的发病时间和原因是什么？

伪狂犬病的发生具有一定的季节性，多发生在寒冷的季节，其他季节也有发生。生猪感染伪狂犬病毒后，病毒首先在鼻咽部、扁桃体中增殖，再在呼吸道上皮细胞内复制，随后感染扁桃体和肺，造成病毒以自由扩散或感染白细胞的途径在体内扩散，引起扁桃体坏死、肺炎或经胎盘感染胎儿，导致流产或死胎，也可侵入三叉神经、嗅神经末梢，侵入中枢神经系统进行复制，最终导致严重的中枢神经系统紊乱。

主要发病阶段：不同阶段的猪群均可感染，成年猪一般呈隐性感染，怀孕母猪可导致流产、死胎、木乃伊胎和种猪不育等综合征候群。15日龄以内的仔猪发病死亡率可达100%，断奶仔猪发病率可达40%，死亡率20%左右；对成年肥猪可引起生长停滞、增重缓慢等。

## 20. 猪伪狂犬病的症状与临床表现有哪些?

猪伪狂犬病是猪的一种急性传染病。该病在猪呈暴发性流行。可引起妊娠母猪流产、死胎,公猪不育,新生仔猪大量死亡,育肥猪呼吸困难、生长停滞等,是危害全球养猪业的重大传染病之一。

发病后的临床表现:

①新生仔猪。新生仔猪感染伪狂犬病毒会引起大量死亡,临诊上新生仔猪第一天表现正常,从第二天开始发病,3～5天内是死亡高峰期,有的整窝死光。同时,发病仔猪表现出明显的神经症状、昏睡、鸣叫、呕吐、拉稀,一旦发病,1～2天死亡。剖检主要是肾脏布满针尖样出血点,有时见到肺水肿、脑膜表面充血、出血。

②15日龄以内仔猪。15日龄以内的仔猪感染本病者,病情极严重,发病死亡率可达100%。仔猪突然发病,体温上升达41℃以上,精神极度委顿,发抖,运动不协调,痉挛,呕吐,腹泻,极少康复。

③断奶仔猪。断奶仔猪感染伪狂犬病毒,发病率在20%～40%,死亡率在10%～20%,主要表现为神经症状、拉稀、呕吐等。

④成年猪。成年猪一般为隐性感染,若有症状也很轻微,易于恢复。主要表现为发热、精神沉郁,有些病猪呕吐、咳嗽,一般于4～8天完全恢复。怀孕母猪可发生流产、产木乃伊胎儿或死胎,其中以死胎为主无论是头胎母猪还是经产母猪都发病,而且没有严格的季节性,但以寒冷季节即冬末春初多发。

## 21. 猪伪狂犬病的防治方法是什么?

疫苗免疫接种是预防和控制伪狂犬病的根本措施,以净化猪群为主要手段,首先从种猪群净化,实行"小产房""小保育""低密度""分阶段饲养"的饲养模式。加强猪群的日常管理。本病没有有效的治疗措施,前期只要靠预防为主。如果发病可以使用猪血清

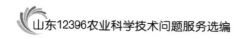

抗体进行治疗。

# 二、牛

## 1. 牛的支原体病的发病特征是什么?

感染支原体病的牛出现体温升高、慢性咳嗽、气喘,伴有清亮或脓性鼻汁。严重者食欲减退,被毛粗乱无光,生长受阻,并出现粪水样或带血粪便。有的患牛继发乳腺炎、关节炎、结膜炎,甚至出现流产和不孕。该病发病率高,在治疗不当或不治的情况下死亡率增高,与其他细菌或病毒混合感染时造成牛支原体病临床症状复杂化,而且有些感染牛出现隐性感染,不表现出临床症状。

牛支原体可以引起典型的肺炎病变,剖检主要以坏死性肺炎为特征,病变主要集中在肺部,肺呈紫红色,尖叶、心叶及部分膈叶局部出现红色肉变,肺部出现干酪样或化脓性坏死灶。肺与胸腔会有不同程度的粘连,胸腔内会有少量积液,心包积液,液体黄色透明,肠系膜淋巴结水肿,呈暗红色。牛支原体导致的关节炎,主要表现的封闭的关节内有大量液体和纤维素且滑膜组织增生关节周围软组织出现大量不同大小的干酪样坏死点聚集。

牛支原体一般寄生在黏膜表面,主要是呼吸道,其次是乳腺,在环境中生存能力不强,但在4℃牛奶和海绵中可存活2个月,在水中可存活2周。

## 2. 牛支原体病一般是由什么引起的?

我国牛支原体病的暴发几乎都与运输有关,多数牛在运输到目的地后1周左右发病,如在途中遭遇雨淋等不良环境影响,牛可在运达目的地后第二天即发病。牛支原体自然感染的潜伏期很难确定。健康犊牛群中感染牛24小时后,就有犊牛从鼻腔中排出牛支原体,但大部分牛在接触感染牛7天后鼻腔排出牛支原体。主要传播途径是通过飞沫呼吸道传播,近距离接触、吮吸乳汁或生殖道接触等也可传播牛支原体。

### 3. 如何防治牛支原体病？

牛支原体是引起牛支原体病的一种重要致病原，采用综合的防治措施是控制牛支原体病的重要途径。目前常用的防治手段主要是对牛的引进管理和饲养管理，不从疫区或发病区引进牛，引进前做好牛支原体病及其他病的检疫检验、接种，引进后隔离观察，混群后保持牛圈的通风、清洁、干燥并定期消毒等。

早期应用抗生素治疗有一定效果，最好选用针对牛支原体与细菌的高敏药物，如泰乐菌素类、替米考星、加米霉素等。用药时应使用足够剂量与疗程。建议输液和肌肉注射治疗，类固醇类药物的使用，如倍他米松、氟米松和强的松龙等，建议使用 3～6 天并且递减。病畜可能出现厌食或完全不进食，体内维生素，尤其是维生素 A、B 族维生素、维生素 C 丢失或缺乏。输液、肌肉注射或口服此类维生素，提高康复速度，增强免疫力。

### 4. 如何判断牛传染性鼻气管炎？

根据临床表现分为不同的类型，常见类型有：呼吸道型、结膜炎型、生殖道型、流产不孕型、犊牛肠炎型等。

**(1) 呼吸道型临床症状。**高热达 40℃以上，呼吸困难，咳嗽，流水样鼻涕，后期转为黏脓性鼻液。

**(2) 结膜炎型临床症状。**病牛眼睑肿大、持续流泪、结膜充血、结膜表面呈灰色假膜。

**(3) 生殖道型临床症状。**生殖道型主要分为母牛外阴阴道炎和公牛龟头炎，都具有脓包性特征。该病作用于妊娠牛时，会在呼吸道和生殖器症状出现后的 1～2 个月内流产或突然流产，流产胎儿的皮肤水肿，部分内脏器官会出现局部坏死。

该病感染非妊娠牛，会造成短期的不孕现象。犊牛患病后除呼吸道症状外，多伴有脑膜炎及腹泻，致死率在 50% 以上。奶牛一旦患病，前期产奶量、奶品质量会明显下降。若病毒感染并发细菌感染，可因细菌性支气管肺炎死亡。

肉牛易感染，其次是奶牛，犊牛比成牛更易感染。该病全年可发，以冬春季节最为严重。本病经呼吸道传播，主要表现为呼吸道型，与细菌混合感染后致死率较高。

## 5. 如何防治牛传染性鼻气管炎？

该病的控制主要以预防为主，具体措施如下：加强饲养管理，提高饲养管理水平，提高奶牛的抗病力。定期对饲养工具及其环境消毒。为防控该病，引进牛或精液时需经过隔离观察以及严格病原学或血清学检查，证明牛只未携带或感染该病，精液未被污染，即可进入牧场或正常使用。定期对牛群进行血清学监测，及时淘汰阳性感染牛。

缺乏特效治疗药物，一旦发病，应根据具体情况，封锁、扑杀病牛或感染牛，病牛生长环境进行紧急全面消毒。普查牛群感染情况，凡阴性牛可采取疫苗注射；阳性牛如果数量较少，可予以淘汰，如果数量多，应立即隔离，集中饲养。在老疫区，可通过隔离病牛、消毒污染牛棚等进行基础防疫工作。配合使用多种消毒液，预防后续细菌感染。及时对疫区未感染牛进行疫苗接种工作，减小牧场经济损失。半岁犊牛即可接种免疫疫苗，一般接种后免疫期半年以上。

## 6. 牛副结核病的发病特征是什么？

牛副结核病又称为副结核性肠炎，是由副结核分枝杆菌引起的一种慢性消耗性疾病。该病主要引起牛、羊、鹿等反刍动物顽固性腹泻，以顽固性腹泻、渐进性消瘦、肠黏膜增厚形成皱襞为特征。在我国，牛副结核病的流行呈不断上升的趋势。世界动物卫生组织将其列为B类疫病。本病潜伏期在6个月至数年。病初食欲正常，精神良好，瘤胃运动迟缓，食欲逐渐下降，消瘦，末梢发凉，精神不佳，泌乳量下降，但体温、脉搏、呼吸均正常，经很长时间后出现本病的特征性症状。起初为间歇性下痢，后变为持续性的顽固性下痢，呈喷射状，排泄物稀薄、恶臭，带有气泡、黏液和血液凝块。病程长短不一，一般在 90～150 天。随着病情发展，病牛常趴卧、高度消瘦、贫血，血钙含量、血镁含量下降，泌乳量下降甚至停止，眼球下陷，高度脱水，以致不能起立，被毛粗乱无光泽，下颌水肿，严重的出现胸部水肿。

## 7. 牛副结核病是怎么传播的？

副结核病呈世界分布，主要感染家畜和野生动物。本病主要感染奶牛，其次为黄牛，在同样的饲养条件下犊牛和母牛比公牛发病率高，高产母牛比低产母牛严重。除牛易感外，绵羊、山羊、骆驼、鹿和猪等动物也可感染发病。病牛和隐性感染牛为本病的主要传染源，粪口传播是最主要的传播途径，健康牛通过采食排菌牛的粪便及被粪便污染的饲料及饮水感染。此病潜伏期很长，由数月至数年不等，多数牛在 2～5 岁才发病。4 月龄以下犊牛的易感性最大，经过很长的潜伏期，到成年时才出现临床症状，特别由于机体的抵抗力减弱或饲料中缺乏无机盐和维生素时更易发病；病牛在抵抗力下降时，病原菌大量繁殖，通过血液流入子宫，感染胎儿。另外，从公牛和母牛的性腺中也分离到副结核杆菌，而且经过处理后的商品化精液中细菌仍具有活力。

## 8. 如何预防牛副结核病？

本病缺乏有效的免疫和治疗方法。每年进行 2 次全群迟发型皮肤过敏反应检测，对检测结果阳性牛隔离，对其粪便进行细菌培养和 PCR 鉴定。排菌牛的粪便要及时清理和消毒，粪便堆积应远离犊牛群和阴性牛群。可疑牛群在 3 个月和 6 个月后进行迟发型皮肤过敏反应检测复查和粪便的排菌检测，3 次迟发型皮肤过敏反应检测始终为可疑的判定为阳性；3 次迟发型皮肤过敏反应检测为阴性的判定为阴性。另外，应关注阴性牛群，做好阴性牛群，尤其幼牛的饲养管理，幼牛圈舍要与粪便池尽量远离，及时清理粪便并进行无害化处理，给予足够营养，对所有幼牛应饲喂阴性牛的初乳。不从有副结核地区引进牛只，尤其不能引进病牛，引进牛只时必须做好检疫和隔离观察，确认健康方可混群。病牛所产的犊牛，应立即与母牛隔开，人工哺乳，3个月后分期定时检查，及时淘汰，培育健康犊牛群。

## 9. 如何治疗牛副结核病？

本病需要长期抗生素治疗，故对一般病牛很少治疗，但对贵重的牛也可尝试治疗。氯法齐明有减弱肠道肿胀的作用；异烟肼可以单用，20毫克/千克体重，口服，每天一次；也可与利福平20毫克/千克体重，口服，每天一次和/或氨基羟丁基卡那霉素A（18毫克/千克体重，分点肌注，每天2次）联合使用。经治疗的病牛，虽然感染被抑制，但并没有治愈，尽管临床症状好转，但粪便仍然排菌，故还会传染其他牛只。

## 10. 牛结核分枝杆菌分为哪几个类型？

主要分3个类型：即牛分枝杆菌（牛型）、结核分枝杆菌（人型）和禽分枝杆菌（禽型）。该病病原主要为牛型，人型、禽型也可引起本病。结核病畜是主要传染源，病畜可通过粪便、乳汁及气管分泌物排出病菌，污染周围环境而散布传染。主要经呼吸道和消化道传染，也可经胎盘传播感染。牛对牛型菌易感，其中奶牛最易感，水牛易感性也很高，黄牛和牦牛次之；人也能感染，且与牛互相传染。本病一年四季都可发生。一般说来，规模化养殖场发生较多。牛舍密度大、阴暗、潮湿、粪污清理不及时、饲养不良等，均可促进本病的发生和传播。

## 11. 牛流行热有哪些临床特征？

牛流行热又名牛三日热，是由牛流行热病毒引起的急性、热性传染病。牛流行热的典型临床症状为双相发热，感染动物体温可以达到40℃以上，该病毒主要感染对象为牛，其中以3～5岁壮年牛、乳牛、黄牛易感性最大，水牛和犊牛发病较少。

感染后主要表现为体温升高到40℃以上，期间乳产量明显降低。患病后牛食欲废绝，反刍停止，粪便干燥，有时下痢；四肢关节水肿疼痛，病牛呆立，跛行，以后起立困难而伏卧，呼吸急促，多伴有肺气肿，可导致病牛窒息而死。稽留热2～3天后体温恢复正常。该病大部分为良性经过，病死率一般在1%以下。

## 12. 牛流行热病是如何传播的？

目前牛流行热的自然传播途径并不明确，一般认为经呼吸道感染、空气传播及患病牛蚊虫叮咬感染。该病潜伏期较短（3～7天），流行范围较广，具有明显的季节性和周期性，近年来，牛流行热在我国多地暴发流行，多发生于6～9月，流行迅猛，短期内可使大批牛只发病。该病呈周期性的地方流行或大流行，3～5年大流行一次，大流行之后，常有一次小流行，且南方发病时间早于北方。每次疫情发病期也逐渐延长，临床表现也比上一次严重。

## 13. 如何防治牛流行热病？

本病主要预防措施为疫苗接种和加强饲养管理。流行热疫苗能够很好地预防该病，推荐规模化养牛场定期进行免疫接种。加强饲养管理，保持牛舍清洁及通风，并在每年温度升高的季节定期喷洒无毒且高效的杀虫剂、避虫剂等，用于驱杀蚊蝇特别是吸血昆虫；对于进出牛场的外来人员必须进行严格消毒。牧场出现疑似病例时应及时进行实验室诊断。牛流行热病的治疗方法以防止继发感染为主。每次取800万国际单位青霉素、3～5克链霉素，混合均匀后给病牛进行肌肉注射。每天2次，1个疗程连续使用3天，具有较好的治疗效果。

# 三、肉　　鸡

## 1. 济宁百日鸡的品种特性有哪些？

**（1）体型外貌。**体型小而紧凑，体躯略长，头尾上翘，背部呈U形。多为平头，凤头较少。喙以黑色居多。单冠直立。皮肤多呈白色，胫呈铁青色或灰色，少数个体有胫、趾羽。公鸡体型略大，以红羽个体居多，黄羽次之，杂色甚少，尾羽黑色，有绿色光泽。母鸡羽毛紧贴，有麻、黄、花等杂色。

**(2) 生产性能。**100～120 日龄开产，平均开产体重 1 125 克，年产蛋数 180～190 个，平均蛋重 42 克。

## 2. 汶上芦花鸡的品种特性有哪些?

**(1) 体型外貌。**体型中等，颈部挺立，尾羽高翘，体躯呈元宝状。全身羽毛呈黑白相间、宽窄一致的斑纹状。喙黑色，边缘白色。单冠为主，少数复冠。皮肤白色。胫、爪白色为主，花、青色次之。

**(2) 生产性能。**肉用性能：300 日龄体重公鸡 1 407 克，母鸡 1 104 克。蛋用性能：平均 150 日龄开产，平均开产体重 1 320 克，年产蛋数 170～175 个，平均蛋重 43 克。

## 3. 鲁西斗鸡的品种特性有哪些?

**(1) 体型外貌。**体型高大，呈半菱形，体质健壮，肌肉丰满。成年斗鸡具有"鹰嘴、鹅颈、高腿、鸵鸟身"的特征。头小，脸狭长。冠呈瘤状。皮肤白色，胫黄色或水白色。羽色有黑色、红色和白色，还有紫羽和花羽等。公鸡胸肌发达，胫长腿高，尾羽高翘，体态英俊威武。母鸡腰背部平直，后腹部"蛋包"突出明显。

**(2) 生产性能。**300 日龄胸深公鸡 13.9 厘米，母鸡 13.0 厘米；龙骨长公鸡 17.8 厘米，母鸡 13.0 厘米；胫长公鸡 12.5 厘米，母鸡 11.5 厘米。10 周龄体重公鸡 956.3 克，母鸡 795.4 克；12 周龄体重公鸡 1 248.7 克，母鸡 1 083.4 克。

## 4. 鲁禽 1 号、鲁禽 3 号麻鸡的品种特性有哪些?

**(1) 体型外貌。**单冠、冠大直立。喙、胫青色，皮肤白色。公鸡颈羽金黄色，尾羽黑色。母鸡分为黑麻和黄麻良种，尾羽黑色。鲁禽 1 号体型较大，胫高粗壮。鲁禽 3 号体型紧凑，羽毛丰满，行动敏捷，适于散养、山地放养等。

**（2）生产性能。**

①鲁禽 1 号麻鸡配套系 1～19 周龄的成活率 95％，父母代种鸡平均开产年龄 146 天，66 周龄入舍母鸡平均产蛋量 179 枚，平均产雏鸡 153 只，商品代鸡 10 周龄平均体重 1 772 克，料肉比 2.42：1。

②鲁禽 3 号麻鸡配套系 1～19 周龄的成活率 94％，父母代种鸡平均开产年龄 144 天，66 周龄入舍母鸡平均产蛋量 182 枚，平均产雏鸡 155 只，商品代鸡 13 周龄体重 1 771 克，料肉比 3.4：1，成活率 97％。

## 5. 爱拔益加鸡的品种特性有哪些？

**（1）体型外貌。**是美国爱拔益加育种公司培育的白羽肉鸡品种。全身羽毛白色，体型丰满，胸肌发达。单冠。皮肤、胫黄色。

**（2）生产性能。**商品代 35 日龄公鸡体重 2 274 克，饲料转化率 1.554：1；母鸡体重 1 998 克，饲料转化率 1.575：1。42 日龄公鸡体重 3 005 克，饲料转化率 1.688：1；母鸡体重 2 580 克，饲料转化率 1.72：1。

## 6. 我国引进的高产蛋鸡品种有哪些？

我国引进的高产蛋鸡品种主要有海兰褐/白（美国海兰国际公司）、罗曼白/粉/褐（德国罗曼公司）、伊莎褐（法国伊莎公司）、罗斯褐（英国罗斯公司）、星杂 288 白（加拿大谢佛公司）、尼克珊瑚粉/红（美国辉瑞公司）、白来航（原产意大利，美国改良）、海赛克斯褐/白（荷兰优利布里德公司）等品种。

## 7. 海兰褐鸡的品种特性有哪些？

**（1）体型外貌。**是美国海兰国际公司育成的四系配套杂交鸡。父本红褐色，母本白色。商品雏鸡可用羽色自别雌雄：公雏白色，母雏褐色。产褐壳蛋。

（2）**生产性能**。海兰褐商品鸡的生产性能：146 天开产，入舍母鸡 80 周龄产蛋数 347 个，入舍母鸡 80 周龄蛋重 22.6 千克，70 周龄平均单重 66.9 克。21～74 周龄平均料蛋比（2.0～2.3）：1。

## 8. 肉鸡的饲养模式有哪几种？

山东省是我国肉鸡养殖生产大省，也是全国鸡肉出口第一大省和产业化强省，产业发展基础较好，2018 年全省出栏家禽数量达 21.68 亿只，2019 年行情更好，效益高，远远胜于 2018 年。即便如此，肉鸡的养殖仍存在问题。

当前，肉鸡的饲养模式存在以下 3 种：垫料平养、网床平养、立体笼养。其中，立体笼养是近年来快速发展起来的一项新的养殖技术模式，优点是改善了禽舍环境卫生、节省人工、提高劳动率，因此被行业所关注和接纳。作为一种新的肉鸡养殖技术模式，规模化、高标准、自动化的养殖体系已经形成，这也是商品肉鸡养殖的未来发展方向。

## 9. 为什么要重视鸡病防疫？

鸡病的种类很多，以传染病的危害最大。据有关资料不完全统计，目前对我国养禽业构成威胁和造成危害的疾病达几十种，其中传染病占禽病总数的 75% 以上。危害严重的传染病有鸡新城疫、禽流感、传染性支气管炎、传染性法氏囊炎等。

小鸡防疫是为了预防传染病的发生。传染病的发生特点是传播快、集体感染发病、大量死亡或全部死亡，另外，有些传染病目前并没有特效药。大多染病鸡没有治疗价值，即便是个别病鸡治好了，由于高昂的药费和耽搁的时间，也使其失去了自身的经济价值，因此要想防止传染病的发生，办法就是对鸡实施规定免疫，按要求进行疫苗接种。

## 10. 如何给小鸡防疫？

刚出壳 24 小时内接种马立克氏病疫苗；3～7 日龄饮水及滴鼻

点眼接种新城疫-传染性支气管炎二联苗；8～10 日龄接种禽流感（H5 亚型和 H9 亚型）；12～15 日龄接种传染性法氏囊弱毒苗；14～28 日龄接种传染性法氏囊中等毒力苗；17～20 日龄接种新城疫-传染性支气管炎（H120）二联苗，饮水；21～30 日龄接种鸡痘、传染性喉气管炎疫苗；30～45 日龄接种新城疫，同时肌注禽流感苗（H5 亚型和 H9 亚型）。

## 11. 肉鸡养殖需要注意哪些问题？

养好肉鸡离不开适宜的光照、平稳的温度、优质的饲料、饮水及优良的空气，在这种环境下鸡群舒适，才会有良好的收益和回报，也就是说环境控制是鸡群健康的关键条件。

**(1) 空气。**通过鸡舍环境控制使鸡舍空气质量达标，标准是：氧气含量不低于 19.6%；氨气含量不超过 10 毫克/千克；二氧化碳含量不超过 2 500 毫克/千克；灰尘含量低于 3.4 毫克/米$^3$，当然这些指标的检测要借助仪器设备。

**(2) 温度。**要想达到鸡群健康养殖的关键还需要适宜的温度，在这里强调的一定是要重视体感温度。在一定温度和湿度下，鸡舍内风速越小，鸡只的体感温度越高。例如，30 日龄的肉鸡，温湿度表显示舍内 28℃、相对湿度 60%时，当风速为 2 米/秒时，鸡只的体感温度为 21℃。

**(3) 湿度。**冬春季节湿度小，温度忽高忽低，鸡舍内湿度也受其影响，空气干燥是呼吸道病发生的主要诱因。

如果鸡舍内不做带鸡消毒，空气质量差，空气中的灰尘多，地面又不注意打扫，地面会有一层脱落的羽毛，这种情况下呼吸道问题尤其突出。大家对照一下，自己管理的鸡舍有没有这种情况，若有抓紧时间解决，避免引起呼吸道疾病，造成不必要的损失。

## 12. 肉鸡呼吸道疾病有哪些？如何防治？

**气囊炎。**一年四季都发生，尤其以冬春季节最严重，造成的损失也最大，该病一般发生于日龄较小的鸡，多在 15～25 日龄开始发病，开始鸡群中个别鸡甩鼻、打喷嚏、1～2天波及整个鸡群，3天后出现呼噜、咳嗽等上呼吸道症状。发病5～7天后出现气喘、张口、伸颈、怪叫。病重鸡采食量严重下降、羽毛蓬乱，病鸡仰卧、闭眼张口喘气，最后因窒息仰面死亡。剖检可见：气管有黏液，充血、出血；气管内有少量黏液或一层黄色干酪样物附着，发病中后期会造成"气管堵塞"；主要表现在支气管分叉处或分支的一侧或单侧处有黄色干酪物堵塞，肺泡内亦有黄白色干酪物；肺气囊也会出现混浊、增厚；肺脏淤血、水肿明显；继而出现气囊炎。部分心脏肥大、心肌出血、腺胃乳头糜烂、肌胃萎缩、肌胃壁溃疡；肠道有不同程度的炎症现象，胰腺出血，肾脏略肿，有明显的针尖大小的出血点。治疗效果差，容易继发感染，治疗费用高，死亡率累计可达10%～20%，甚至更高。针对该病我们应做好预防，主要是对新城疫病毒、传染性支气管炎病毒和禽流感H9亚型的疫苗免疫接种和做好防控高致病性禽流感H5亚型的生物安全措施。治疗选用抗病毒药物和防止激发细菌感染的药物，抗病毒药选用中药提取物——金丝桃素饮水，连用4～5天，同时伴以黄芪多糖，增强机体抗病力。板蓝根、黄连、黄芪等。抗菌药物采用头孢噻呋、恩诺沙星、氟苯尼考、强力霉素、支原净等。

## 13. 如何防治鸡新城疫？

新城疫病毒是一种急性、高度传染性的疾病，可以造成较高的发病率和死亡率。曾经对我国的养禽业会产生过巨大的经济损失，目前仍以非典型性新城疫的面貌出现，但是近两年相对发病较少，临床上很少能分离病毒，这应该与目前的疫苗质量比较好有关系。患新城疫的病禽一般体温升高，最高可达43～43.5℃，出现转脖、望星、站立不稳或卧地不起的神经症状，排黄绿色稀便。剖检可见：其腺胃的乳头部位出现出血、肿胀以及溃疡，小肠黏膜以及十二指肠黏膜可见出血以及枣核状溃疡，溃疡的表面可见灰绿色或黄色的纤维素膜；其盲肠扁桃体肿大，出现出血以及坏死；肌胃角质层易撕，同时下方可见红斑。

鸡新城疫并没有好的治疗方法，以预防为主。常用弱毒疫苗和灭活疫苗进行免疫预防。①肉仔鸡。5～7日龄，活疫苗滴鼻、点眼，同时注射新城疫灭活疫苗；18～21日龄活疫苗免疫。②蛋鸡、种鸡。5～7日龄，活疫苗滴鼻、点眼，同时注射灭活疫苗；18～21日龄，活疫苗免疫；开产前且新城疫灭活疫苗免疫一次；产蛋高峰过后，每2个月用活疫苗免疫一次。一旦发生疫情，进行紧急疫苗接种，同时选用抗病毒药和抗生素以防止继发感染和混合感染。

## 14. 如何防治鸡传染性支气管炎？

鸡传染性支气管炎由鸡传支病毒引起的，一种急性、高度接触性传染病，主要表现为气管啰音、咳嗽和打喷嚏为主要临床症状，不同日龄的鸡均可发病，常因呼吸道或肾脏感染而死亡，死亡率高达40%～90%。剖检可见：呼吸道病变包括气管和支气管内有黏液样的分泌物或干酪样分泌物。气囊增厚、混浊。肾脏肿胀、苍白，伴有尿酸盐沉积，同时因脱水而鸡爪干瘪。病鸡继发细菌感染，尤其是大肠杆菌感染，可出现干酪样气囊炎、肝周炎和心包炎。

该病的重要防控手段是免疫。1日龄，4/91＋Ma5喷雾或滴鼻、点眼。7日龄，H120滴鼻、点眼。治疗：一方面是用肾肿解毒药和电解多维来缓解肾肿和脱水，同时用抗生素降低因继发感染而引起的损失，这时千万不要使用对肾脏毒害严重的氨基糖苷类药物、磺胺类药物，以免雪上加霜。同时要加强饲养管理，育雏舍温度最忌讳忽冷忽热，要避免冷应激，发病后舍温提高2～3℃，降低蛋白质含量2～3个。

## 15. 如何防治鸡慢性呼吸道病？

鸡毒支原体可引起鸡慢性呼吸道病。传播方式有两种，一种是通过水平传播，另外一种是通过垂直的方式传播，水平方式主要是通过病鸡的唾液、飞沫以及携带病原的粉尘吸入体内感染的。感染鸡毒支原体的鸡抵抗力下降，弱雏率增加，雏鸡表现为流鼻液、流眼泪、眼睛肿胀、频频甩头、打喷嚏、咳嗽，伴有呼吸道啰音。发病后期可见"金鱼眼"，病鸡失明。剖检可见：病鸡鼻腔、气管、支气管和气囊内有多量黏稠炎性渗出物，气囊壁增厚，浑浊，有的具有干酪样物。临床上混感较为常见，呼吸道黏膜充血、水肿、增厚，窦内常充满黏性或干酪样物。有的肺脏和气囊也有大量渗出物。当继发大肠杆菌时，可见明显的心包炎和肝周炎。

该病的防控措施：由于可以通过垂直传播，所以要种鸡群净化，防止父母代垂直传播到商品代。早期用药可预防和减少支原体病的发生。肉鸡一般在第三、五周分别投喂对支原体敏感药物 3～5 天，如支原净、强力霉素、大观霉素、罗红霉素、替米考星等。

## 16. 肉鸡饲养中，如何防治消化道疾病？

消化道疾病是肉鸡发病率和死亡率都很高的一类疾病，一旦发生，会造成消化道和其他器官的损伤，使消化吸收率下降，造成饲料的浪费，不仅提高了养鸡的成本，还会造成严重的经济损失。导致消化道疾病的因素包括：病毒、真菌毒素、水源水质、球虫亚临床表现。细菌控制不力；滥用药物导致后期肠道微生物菌群失衡以及饲料配方调整，原料污染等因素。

**（1）饮水管理。** 饮水是满足肉鸡正常生长的物质基础。优质的饮水能促进肉鸡生长，提高肉鸡抗病力，减少疫病发生，减少用药。但由于受自然条件的影响，各区域的水质差别比较大，养殖场在建立前一定要对水质进行检测和评估。如果对水质重视不够，或没有做好水线日常管理就会影响肉鸡的正常生长。当然目前还存在水质净化的设备少、水质优化产品少、价格偏高等问题待解决。

**（2）水线管理。** 如果水线高度偏低、水压偏大，就会出现鸡歪头饮水的现象，同时由于水压过大在饮水的过程中，水容易洒落到水杯中，如果水杯不及时清理，内有稻壳，再被鸡饮用后易引起细菌感染和肠炎，这是需要注意的地方。

**（3）饲料管理。** 饲料加的多，散到料盘外垫料中，易受到污染和发霉，料槽或料盘粉料较多，如果长期积累，料底子在高温高湿的鸡舍环境中也易发生霉变。同时我们也要注意查看供料管道是否及时清理，如果饲料长期残存也会发霉变质。

**（4）垫料管理。** 垫料潮湿，水分挥发不出去，鸡趴在上面比较凉，不利于肠道健康；垫料潮湿，又更容易滋生细菌，增加发病风险；同时鸡患了肠炎腹泻又加重了垫料潮湿、结块的现象，这样就形成恶性循环。

## 17. 肉鸡饲养中，如何防治腺胃炎？

腺胃炎春夏季多发的，白羽肉鸡为最早于 7 日龄发病，大部分在 21～35 日龄发生。病鸡腺胃肿大如球状，切开腺胃出现明显外翻、增厚水肿，腺胃乳头不清晰，表面覆盖白色或褐色分泌物，不严重病例按压腺胃乳头有少量青色液体流出，严重病例则没有分泌液流出；肌胃呈黄褐色，鸡内金呈烧伤状、变薄，严重的出现穿孔现象；嗉囊内出现大量的白色豆渣样覆盖物；胸腺、脾脏及法氏囊萎缩，肠壁变薄，肠道有不同程度的出血性炎症。预防措施：夏季高温季节降低饲养密度，中大鸡饲料适当降低代谢能和粗蛋白含量。增加酶制剂用量，减少饲料的受潮和霉变，饲料中添加高效脱霉剂。治疗措施：以抑制胃酸分泌、保护胃黏膜、消除炎症、清热解毒为主，可使用西咪替丁、小苏打、阿莫西林、B 族维生素与健胃消食中药联合治疗。

## 18. 如何防治坏死性肠炎？

坏死性肠炎是由魏氏梭菌引起，病鸡排黑色或混有血液粪便，死亡率 3% 左右，常与球虫病并发。肠道眼观变化主要在小肠，尤其是空肠和回肠。肠管扩张，粗细不均，剪开肠腔、切面外翻，肠腔内充满气体和带血内容物。肠黏膜充血、坏死，上附黄色或绿色伪膜。剥去坏死伪膜后，可见肠黏膜有出血点和溃疡灶，部分穿孔，形成腹膜炎，腹腔有粪臭味，肠腔内有未消化饲料。少数病例肝肿大，有散在黄白色坏死灶。预防治疗措施：加强垫料管理和消毒，控制球虫病。常用奇霉素、林可霉素、头孢菌素类治疗。

## 19. 肉鸡球虫病的症状有哪些？

任何品种、各个年龄的肉鸡都能够感染。该病的发生呈明显的季节性，每年5~8月易发，流行。如果饲料搭配不合理，维生素A、维生素 K_3 含量不足、过于饥饿以及冬季通风不良、卫生条件恶劣、饲养密度大、防疫接种、转群应激等，都能够促使该病的发生和流行。肉鸡球虫病轻症会影响肉鸡生长发育，降低饲料利用率，延长饲养周期，易出现残次鸡；重症会诱发其他疾病，甚至造成死亡。肉鸡感染球虫时，病鸡主要症状是精神萎靡、神情呆立、采食减少、排出水样稀粪或者饲料样粪便，也就是常说的"料粪"，症状严重时会导致个别死亡。剖检可见小肠黏膜有出血点和灰白色坏死灶，小肠内大量出血，肠管扩张、肠壁变薄、肠内容物黏稠，呈淡褐色。球虫卵的污染是造成本病发生的主要原因。随着饲养模式升级为笼养，也减少了该病的发生。

## 20. 防治肉鸡球虫病的疫苗有哪些？

为有效解决使用药物防治肉鸡球虫病造成的耐药性和药物残留等问题，目前已经研制出疫苗来避免发生球虫病，多价疫苗可获得全面保护。使用地克珠利、妥曲珠利、癸氧喹酯等要交替使用，以减少抗药性，提高治疗效果。

## 21. 肉鸡腿病是如何发生的？

近年来，腿病的发病率越来越高，严重影响了肉鸡正常的运动和采食能力，制约了肉鸡的生长、增重速度，直接导致肉鸡的商品等级下降，降低了养殖经济效益。目前，造成肉鸡发生腿病的因素比较多，发病的情况也比较复杂，在鸡舍内环境条件差的情况下，如肉鸡长期生活在高温、缺氧、饲养密度偏大的环境下，鸡只习惯于趴在网上，往往引发该病，腿部出现囊肿和炎症表现，笼养肉鸡发病率高，如饲养肉鸡的笼子质量不高，焊接口处粗糙，极易划破肉鸡脚垫和腿部，引起肉鸡外伤；肉鸡腿病发生率与肉鸡的品种和性别也具有一定的关联，公鸡比母鸡的发病率要高些。肉鸡腿病可导致屠宰产品等级下降，当处于充血、脓胞和囊肿硬化的情况下，就没有利用价值了。

## 22. 禽病毒性关节炎是如何发生的？

禽病毒性关节炎是由呼肠孤病毒引起的鸡的一种运动障碍性传染病，近年病毒性关节炎变异株致病能力强，发病率达到 90% 以上。发病日龄从 17 日龄开始，鸡跗关节上下血管扩张，表现在跗关节上下有青色囊肿，剖检可见皮下血管有血液渗出，血液持续慢慢渗出，局部越积越多，20 天后在皮下形成囊肿，到后期血不再渗出，但囊肿一定程度影响鸡只运动，不同于以往的是筋腱、腱鞘、关节面没有明显损伤（断裂），流行病学上，呈现阶段性发生，一阶段多，一阶段少，交替出现，但不能杜绝。

## 23. 如何预防禽病毒性关节炎？

**(1) 对环境消毒。**病毒对热的抵抗力较强，有机碘及碱性消毒液较为有效。采用全进全出，消毒后空舍 2～3 周时间。杜绝经蛋传播，不要从发病鸡场购进种蛋。严格饲养雏鸡，雏鸡在 1～7 日龄时是最易感。

**(2) 疫苗免疫。**

①活疫苗。疫苗株是 S1133 株演化而来，毒力已降低，对于目前变异株无效。

②灭活疫苗。国内已开发出病毒性关节炎灭活苗（S1133 株），对变异株无效。应用与当地分离株血清型一致的毒株或本地分离的病毒制成灭活苗，给种鸡免疫，使雏鸡通过卵黄获得被动保护，安全度过敏感的时期（2 周龄以下）。

推荐免疫程序：既保护处于易感日龄的雏鸡，又不干扰马立克氏病的免疫。肉鸡：本病最易发于肉鸡，因此在 1 日龄或 18 胚龄以多价弱毒疫苗接种。

（3）**治疗**。鸡舍带鸡消毒，饲料中添加维生素 $K_3$ 和维生素 E，饲料中添加抗生素，防止葡萄球菌、支原体、大肠杆菌混合或继发感染，活血化瘀及抗病毒中药。

## 24. 导致肉鸡腿病发生的因素有哪些？

肉鸡腿病发生的因素有：细菌性因素、支原体和营养代谢等。由葡萄球菌、大肠杆菌、沙门氏菌、链球菌可引起关节肿胀、滑膜增厚、关节腔内有浆液乃至干酪样渗出物，通过改善环境、使用抗生素控制感染。滑液囊支原体感染可以引起滑液囊炎，其特征为关节肿大、跛行，关节或脚垫红肿；肿胀部分有波动感；也有胸部囊肿的，这种抓鸡触摸肿胀部位或拉伸腿部，病鸡因为疼痛而发出惨叫声。剖检可见关节和脚垫肿胀部，腱鞘的滑液囊内可见有澄清的水样渗出物。

防治措施：种源净化，药物控制，采用大环内酯类、土霉素，多西霉素抑菌效果好。其他常用药物有泰乐菌素、泰妙菌素、强力霉素、红霉素、林可霉素、恩诺沙星等，拌料饮水均可。另外，饲料中钙的利用率非常高，而磷的可利用率主要取决于饲料原料资源中磷的存在形式。钙和磷任何一种元素的缺乏或过量，都会造成另外一种元素的缺乏。

## 25. 如何生物防治禽病？

必须从生物安全考虑。

（1）**消毒**。严格程序，必先彻底清扫、冲洗，不留死角。

（2）**免疫**。确保免疫率100%，用最适合自己的免疫程序。饲养员之间不要串舍，发现疫病，要及时隔离、淘汰，绝不要手软。侥幸心理，必酿大祸。

（3）**用药原则**。准确、高效、中西结合。控制病毒病以中药提取物为主，西药为辅，控制细菌病和继发感染西药为主。预防为主，防重于治。第一周：开口药使用，鸡苗垂直传播疾病；第二周：呼吸道疾病的控制，加一次药；第三周：肠道疾病的控制，如果呼吸道还没有改善，继续使用呼吸道药；第四至五周：根据情况使用肠道药和呼吸道药。

**（4）其他。**另外还需注意细节管理：3周前的控光、控料。换料的循序渐进。通风与保温发生矛盾时，以通风为主。24小时内，死淘率增加1‰，应高度重视，怀疑有病毒感染。药物不可不用，但不可滥用，不可心理安慰。控制一切给鸡群造成的"应激"发生。建立高素质的员工队伍。决胜养殖成败的主要因素是人而非设备或其他。充分调动员工的积极性。一个饲养周期的效益从鸡苗购进、供料、供药、饲养、防疫、出售等整个过程中每个人的都要尽心尽职，相互协同，养殖才能成功。

## 26. 什么是禽白血病？

禽白血病，又称为禽白细胞增生病，是由禽白血病病毒和禽肉瘤病病毒群的病毒引起的禽类多种肿瘤性疾病的总称。临床症状为全身虚弱和鸡冠苍白，随着病程的发展，在性成熟前后废食、显著脱水、消瘦和腹泻，死淘率增高，在肝、脾和肾等实质器官可见肿瘤结节。根据禽白血病病毒囊膜蛋白抗原性的不同，将其分为10个亚群，其中J亚群致病性最强。

## 27. 禽白血病发病后的临床表现有哪些？

本病无特异的临诊症状。只有一小部分感染鸡会发生肿瘤死亡，死亡率一般为1%～2%，大多数带毒鸡属于为亚临床感染，表现为生长迟缓和产蛋率下降，有些感染鸡终身不产蛋。此外，在垂直感染或雏鸡早期感染ALV后，会造成免疫抑制，导致对其他疫病的抵抗力下降，继发其他细菌或病毒感染后死亡率增加。临床常见的肿瘤发病类型包括：淋巴细胞瘤、髓样细胞瘤、血管瘤、纤维肉瘤、骨硬化和成红细胞瘤等。

## 28. 禽白血病发病原因是什么？

本病主要由种鸡通过种蛋垂直传播，且逐代放大。经垂直传播的雏鸡出壳后，最容易与其他雏鸡接触，造成横向传播。被禽白血病病毒污染的弱毒疫苗也是重要的感染途径。越是早期感染的鸡，以后越容易发生肿瘤。

## 29. 禽白血病的主要发病阶段在何时?

主要发病阶段：大多数禽白血病肿瘤发病的高峰都在性成熟后的，特别是开产前后（16周龄以上）。但由于本病的感染具有明显的日龄依赖性，以7日龄以内的雏鸡易感性最高，特别是刚出壳的雏鸡，可在1～2天内造成同箱内20%～30%的雏鸡被水平感染。因此，在饲养雏鸡过程中，应注意工作人员、疫苗注射器针头及育雏室等饲养管理过程中的消毒。

## 30. 如何防治禽白血病?

目前没有预防禽白血病的疫苗，对原种场、祖代及父母代场种鸡群禽白血病的净化是预防控制本病的最基本最关键的措施；采取"全进全出"的饲养方式，一个场只养一批鸡，避免不同日龄鸡群间的横向传播；做好出壳雏鸡的隔离、管理和消毒，避免早期感染；ALV在环境中抵抗力不强，多种消毒剂有效。

一旦发病，无法利用药物治疗，必须及时淘汰。

## 31. 禽流感的临床表现有哪些?

高致病性禽流感病毒（以H5N1亚型为例）感染可导致鸡群的突然发病和迅速死亡。病鸡高度精神沉郁，采食下降，呼吸困难。鸡冠和肉垂水肿，发绀，边缘出现紫黑色坏死斑点。腿部鳞片出血严重。产蛋鸡产蛋迅速下降，软壳蛋、薄壳蛋、畸形蛋迅速增多。有些鸡群感染后没有出现明显的症状即大批死亡。低致病性禽流感病毒（以H9N2亚型为例）感染引起发病鸡群的精神沉郁，羽毛蓬乱；采食量减少；流鼻液，鼻窦肿胀；眼结膜充血，流泪。

## 32. 禽流感的传播途径有哪些?

**(1) 高致病性禽流感病毒 (HPAIV)。**传播以直接接触传播为主，被患禽污染的环境、饲料和用具均为重要的传染源。肉种鸡、商品鸡感染后会很快发病和死亡，死亡率呈几何倍数剧增，产蛋高峰期多发，产蛋率下降速度快、由 90% 下降到 20% 以下。商品肉鸡 H5N1 临床发病相对较少，但一旦在 30 日龄前后感染，死亡率迅速增加，迫使提前出栏。

**(2) 低致病性禽流感病毒 (LPAIV)。**处于产蛋高峰期鸡多发，可造成产蛋下降 5%~20%，死淘很少，轻微的呼吸道。大部分商品肉鸡在 18~25 天发病，一旦感染会造成鸡群抵抗力下降，后期鸡群常伴有大肠杆菌继发感染，死淘增加。

## 33. 如何防治禽流感?

管理因素在该病的发生中起重要作用。温度过低或忽高忽低；湿度过低；通风不良，舍内氨气浓度过高；通风量过大或突然通风；天气突变，大风、寒流、雾霾、沙尘等。

主要发病阶段：每个日龄都可以感染，一般情况，冬、春寒冷季节多发；目前已经没有明显的季节性，各个季节都可以发生。免疫接种是目前我国普遍采用的禽流感预防的强有力措施。养禽场必须建立完善的生物安全措施，严防禽流感的传入。

高致病性禽流感一旦暴发，应严格采取扑杀措施。封锁疫区，严格消毒。低致病性禽流感可采取隔离、消毒与治疗相结合的治疗措施。

# 四、鸭

## 1. 鸭坦布苏病毒病的临床症状有哪些?

发病蛋鸭产蛋率从 90% 降至 10% 以内，甚至绝产，且在发病后期出现一定比例的以神经症状为主的瘫痪鸭，淘汰率在 10% 左右；雏鸭最早在 10 日龄发病，高峰集中在 20～40 日龄，主要表现为站立不稳、共济失调等神经症状，死淘率在 10％～30％，严重的高达 80％。鸭感染后表现为站立不稳，卧地不起等神经症状；病理解剖可见卵泡膜出血、充血和卵泡变形、萎缩以及破裂。

## 2. 鸭坦布苏病毒病易在何时发生？原因有哪些？

该病一年四季均可发生，在春夏秋冬季节均有发病报道；在部分地区与季节有一定的相关性，考虑与季节性的蚊虫出现有关。坦布苏病毒常引起哺乳动物非显性感染，鸟类也能感染；自然条件下，主要经节肢动物传播。传统上黄病毒也可感染鸭，但并不致病，但随着环境的变迁和病毒自身的变化，病毒的致病性正在发生不同程度的改变，鸭坦布苏病毒侵害的主要对象为产蛋鸭和雏鸭。

## 3. 鸭坦布苏病毒病的防治方式方法有哪些？

对于该病，目前尚无特效治疗药物，及时进行疫苗免疫为预防该病的最有效措施。通常在发病早期可考虑采用鸭坦布苏病毒卵黄抗体、康复鸭血清或高免血清进行紧急预防或治疗。

## 4. 鸭病毒性肝炎是由哪些病毒引起的？

鸭病毒性肝炎（Duck viral hepatitis，DVH）是危害雏鸭的一种急性、高度致死性和接触性传染病。本病的特征是发病急、病程短、传播快、病死率高，临诊表现为典型的"角弓反张"，病理变化为肝脏肿大和出血。

本病可由 3 种不同类型的病毒引起，分别是 1 型、2 型和 3 型鸭肝炎病毒（Duck hepatitis virus，DHV）。1 型 DHV 属小 RNA 病毒科，目前已正式命名为鸭甲肝病毒（DHAV），包括 DHAV-1、DHAV-2 和 DHAV-3。

## 5. 鸭病毒性肝炎临床症状有哪些？

本病发病急，传播迅速，潜伏期 1～3 天。发病雏鸭首先表现精神不振、缩头弓背、食欲下降，眼睛半闭呈昏迷状，随后出现神经症状，转圈、运动失调、两腿痉挛、呈角弓反张样，数小时后死亡。

特征性病变主要在肝脏，常表现为肝脏肿大，质地变脆，外观土黄或斑驳状，表面有弥漫性出血点或出血斑。

1 型鸭肝炎一年四季均可发生，无明显季节性。雏鸭的发病率为 100%，1 周龄雏鸭的病死率可达 95%，而 1~3 周龄雏鸭病死率为 50% 或更低，5 周龄以上鸭基本不发生死亡，但近年来报道表明 1 型 DHV 的发病日龄有增大的趋势，产蛋鸭也见有发病报道。鸡、火鸡、鹅等也均有一定的抵抗力。该病不能传播给兔、豚鼠、小白鼠或犬。

该病传染性极强，主要通过与病鸭直接接触传播，可迅速传播给全舍易感雏鸭。此外，呼吸道也在感染过程中起了很重要的作用。

## 6. 如何快速诊断鸭病毒性肝炎？

发病急、传播快、病程短和病死率高为本病的流行病学特征，结合肝脏肿胀和出血的典型病变可作初步诊断。确诊需进行实验室鉴定。

**(1) 病毒分离鉴定。**将病鸭肝脏处理尿囊腔接种 10~14 日龄无母源抗体的敏感鸭胚，接种后 3~5 天死亡的胚胎表现为皮肤出血、水肿，侏儒症，肝脏肿大、变绿、坏死。

**(2) 血清中和试验。**用已知的鸭病毒性肝炎阳性血清对分离的病毒在鸭胚或鸡胚或鸭胚细胞上进行中和试验，可进一步确诊。

**(3) 动物回归试验。**选择无鸭病毒性肝炎母源抗体的雏鸭，将分离的病毒采取颈背部皮下注射方式进行攻毒，接种量为 0.5 毫升/只；雏鸭于 1~5 天内出现发病和死亡，死亡鸭表现出典型的鸭肝炎病理变化。

**(4) RT-PCR 技术。**根据保守区域设计引物，建立 RT-PCR 方法可用于待检病鸭肝组织中病毒 RNA 的快速检测。

## 7. 如何防治鸭病毒性肝炎？

除搞好饲养管理外，应加强对鸭舍及周围、设备和用具的消毒，消毒鸭舍墙壁及周围环境用2%～3%苛性钠溶液，带鸭消毒可用0.3%的过氧乙酸或氯制剂消毒液，每天1～2次。应避免从疫区引进种蛋、雏鸭、成鸭，防止该病的传入。

种鸭在开产前2～4周用油乳剂灭活苗或弱毒苗进行1～2次免疫，保证雏鸭获得较高的母源抗体保护。高母源抗体的雏鸭可在5～7日龄用弱毒疫苗经皮下或肌注等方法进行一次免疫，低母源抗体的雏鸭可在1～3日龄免疫，以保护雏鸭安全度过危险期。

未进行免疫者，也可在1～3日龄注射卵黄抗体或高免血清进行预防。一旦发病，应尽早采用鸭病毒性肝炎卵黄抗体、康复鸭血清或高免血清进行紧急预防或治疗，使雏鸭获得被动免疫，减少死亡并防止疫病扩散。

## 8. 什么是鸭疫里默氏杆菌病及发病原因？

鸭疫里默氏杆菌病是由鸭疫里默氏杆菌（RA）引起的一种接触性传染性疾病，又称为鸭传染性浆膜炎、新鸭病、鸭败血症、鸭疫综合征、鸭疫巴氏杆菌病等，是当前危害养鸭业较严重的传染病之一，给我国养鸭业造成了严重经济损失。

在自然条件下，本病一年四季都有发生。主要通过污染的饲料、饮水、尘土、飞沫等，经呼吸道、消化道或皮肤的伤口（尤其是足蹼部皮肤）而感染。恶劣的饲养环境，如密度过大，空气不流通发，潮湿，过冷和过热，饲料中缺乏维生素，微量元素或蛋白质均易造成发病或发生并发症。

## 9. 鸭疫里默氏杆菌病的临床症状有哪些？

急性病例多见于2～4周龄小鸭，表现为倦怠，缩颈，不食或少食，眼和鼻分泌物增多，腹泻，不愿走动，运动失调。临死前出现神经症状：头颈震颤，角弓反张，抽搐而死，病程一般1～3天，幸存者生长缓慢。日龄较大的小鸭（4～7 周龄）病程达 1 周或 1 周以上。病鸭除上述症状外，有时出现头颈歪斜，做转圈或倒退运动。在病变上以纤维素性心包炎、肝周炎、气囊炎、脑膜炎及部分病例出现关节炎为特征，常引起小鸭的大批发病和死亡。

除鸭外，小鹅亦可感染发病。火鸡、雉鸡、鹌鹑以及鸡亦可感染，但发病少见。本病的感染率有时可达 90％以上，死亡率从 5％至 75％不等。

## 10. 如何防治鸭疫里默氏杆菌病？

在防治措施方面，首先要做好预防工作。一是要加强饲养管理工作，改善饲养条件，并喂以优质全价的饲料，保证能满足其生长需要量，以增强雏鸭的体质。二是要适当调整鸭群的饲养密度，注意控制鸭棚内的温度、湿度，尤其是在春天多雨、夏天炎热和冬天寒冷的季节，做好雏鸭的保暖、防湿和通风工作，尽量减少受寒、淋雨、驱赶、日晒及其他不良因素的影响。三是实行"全进全出"的饲养管理制度，不同批次、不同日龄的鸭不能混养在一起。鸭群出栏后，对各种用具、场地、棚舍、水池等要全部进行消毒。四是要做好场地卫生工作，坚持消毒和防疫制度。定期对饮水器、料槽清洁消毒。

在发生鸭疫里默氏杆菌病时，采取饲料中添加新霉素或林可霉素，饮水中投服恩诺沙星可以有效地控制疾病的发生和发展。

疫苗免疫方面，在我国目前应用较多的是各种佐剂的灭活苗，针对当地主要流行血清型，选取相应菌株研制疫苗，可以达到更有效的防治效果。

# 土壤肥料与营养

## 一、无土栽培

### 1. 无土栽培是一项什么技术？

无土栽培是一项现代农业先进技术，它使作物生长离开了土壤，改变了传统农业的种植方式。欧盟国家温室蔬菜、水果和花卉生产中，已基本全部采用无土栽培方式。目前，我国无土栽培技术在各地示范园均有展示，但在日光温室蔬菜生产上应用的还不多。基于此我们研究了简化无土栽培技术，下面将该技术在番茄的应用情况介绍给大家。

（1）**简易的栽培设施。**栽培槽采用地挖沟槽铺塑料膜的方式，营养液供给采用滴灌的方式。优点：地挖沟槽可以使栽培基质的温度较稳定，基质的昼夜温差小，避免冬季夜间基质温度过低，对根系造成伤害。

（2）**廉价的栽培基质：**栽培基质采用经过堆腐的规模农牧有机废弃物，如稻壳、牛粪、作物秸秆和食用菌渣等。优点：规模农牧有机废弃物在我国资源丰富，价格低廉，也解决农牧废弃物污染环境的问题；有机基质在使用过程中，经过微生物分解产生二氧化碳，起到二氧化碳气肥的作用，经测定有机基质无土栽培大棚，早晨二氧化碳浓度超过 2 000 毫克/千克，可以起到二氧化碳施肥的作用。同时，在分解过程中，产生的糖分、氨基酸等小分子有机物，可以被蔬菜根系吸收，改善蔬菜的品质；秸秆基质在使用后，可作为有机肥料施入农田，不产生环境污染。

农牧有机废弃物的堆腐方法：将稻壳、牛粪、作物秸秆和食用菌渣等分层堆起，边堆边洒水和尿素，使之湿润，以用手紧握物料，指缝间有水被挤出为度。秸秆堆的底宽 2 米，高度 1.0～2.0 米，长度不限。2～3 天后，堆内温度可达 70℃ 以上；15 天左右进行翻堆，将边沿部位的秸秆翻入堆中间，使物料进一步混匀，若干燥，可适量补充水分；翻堆后，再堆腐 15 天左右。基质的碳氮比在 30～40。

**(3) 简化营养液管理方法。**采用营养液肥料分组分别通过滴灌系统加入到基质的方法。硝酸铵与硝酸钙、硝酸钾为一组，磷酸二氢钾、硫酸镁与微元素一组分别加入到滴灌系统。

## 2. 日光温室番茄简化无土栽培的过程是什么？

挖栽培槽→铺塑料膜→填充有机基质→安装滴灌设备→滴灌浓度 1 克/升营养液，使基质湿润→移栽番茄苗→番茄苗靠近滴头→缓苗期可以叶面施肥促进生根→苗期一般每亩每天用浓度 1 克/升的营养液 0.5 米³，栽培槽内有积水就不用滴灌→番茄结果后，营养液浓度 1.5 克/升，一般每亩每天 1～1.5 米³，但仍然根据栽培槽的积水情况和番茄的长势，灵活掌握水量。番茄的其他管理技术依照常规方法。

## 3. 日光温室番茄简化无土栽培的效果如何？

无土栽培的番茄发病轻，2015 年冬季寒冷、阴天和雾霾天气多，蔬菜的病害普遍发生较重，而采用本技术栽培的番茄生长健壮，一个冬季仅喷了 2 次防病的农药，而普通土栽基本每周都需喷施农药；节肥省水，无土栽培较普通土栽减少肥料投资 20% 以上，节水 150 米³/亩；蕃茄的品质较普通土栽提高显著，糖酸比提高了 34.5%，风味口感明显比土栽的好；产量与较土栽基本持平，售价稍有提高；总体经济效益增加 10%～20%。

# 二、水灾后土壤管理

## 1. 水灾菜地土壤管理如何管理？

水灾后的土壤管理是灾区恢复生产的第一步，也是最关键的一步，良好的土壤处理措施，不仅提高土壤的通透性和肥力水平，增加作物产量和改善作物品质，还将在一定程度上对病虫害的发生和蔓延起到抑制作用。

（1）**不看土壤厚薄施肥。**化肥要因土施用。如氮肥施在肥田里经济效益不高，甚至还有副作用，如果将其施在中低产田里，其增产效果要比施在肥田里高 2～3 倍；磷肥施在缺磷的土壤中比施在不缺磷的土壤中产量要提高 3 倍左右。另外，土壤质地有差别，沙性土应多施有机肥，实行秸秆还田，以逐步改善土壤结构；黏性土一般通透性差，肥效较慢，追施化肥应提早，并宜"多吃少养"，后期忌用过量氮肥；壤土质地较好，可按作物产量要求和长势，适时适量施肥。施肥应做到长效肥与短效肥相结合，有机肥与化肥相配合，以培肥土壤，用养结合。

（2）**不看天气施肥。**低温季节施肥时间应适当提前，有机肥作基肥应充分沤制腐熟；高温天气应深施，以防止肥分散失和烧苗。土壤太湿，化肥要浅施，土壤较干则应深施。天旱时土壤水分含量少，化肥施入后作物难以吸收和利用，应结合灌水或趁小雨施肥；大雨或暴雨前不要施肥，防止肥料流失和渗漏损失。

（3）**不管作物种类施肥。**块根、块茎类作物以施磷钾肥为主，配施氮肥；叶菜类作物宜多施氮肥，适当搭配磷肥；水稻、玉米、小麦等禾本科作物对氮的需求较多，应以氮肥为主，配施磷、钾肥；甘蔗、麻类、薯类作物需要氮肥的同时，应增施钾肥；豆类作物有根瘤菌，具有固定空气中氮素的能力，对氮的需求量较少，故以磷肥为主。

（4）**不论茬口差异施肥。**对冷茬，如甘薯、水稻、白菜、萝卜茬，后茬作物需度过冬春低温季节，宜多施腐熟羊、驴粪等热性肥料；对热茬，如前茬是小麦、马铃薯等茬口，有充分的休闲、晒垡时间，宜多施含水分较多的腐熟猪、牛粪等冷性肥料；对软茬，如花生、大豆茬，土壤松软，遗留氮肥较多，宜多施磷钾肥；对硬茬，如玉米、高粱、棉花茬，土壤硬实，应多施有机肥。

**（5）不看作物长势施肥。**作物不同生长阶段有不同生理特点，对肥料吸收量和吸收时间也不同。在根、茎、叶的发育阶段，一般需要较多氮肥。例如，早稻生长季节短，吸氮高峰出现在移栽后返青至分蘖阶段（15～20 天内），因此要重施蘖肥、稳施穗肥和粒肥。麻类作物前期生长速度快，植株生长与纤维细胞的形成几乎同步进行，因此前期除满足氮肥需求外，应同时施用钾肥。

**（6）不因肥料性质施肥。**化学性质较稳定的肥料，如尿素、磷酸二铵、过磷酸钙等，应作基肥或种肥，或提前施于根系集中层；化学性质不稳定且易挥发的肥料，如氨水、磷铵、硫酸铵、硝酸铵等，应深施封严土，以减少养分损失；个别作物或田地需特殊肥料，如水田不宜施用硝态氮肥，宜施铵态氮肥，甘薯、马铃薯、烟草等作物则忌氯，不宜施用氯化铵、氯化钾等含氯肥料。

## 2. 灾后秋播土壤的管理要点有哪些？

**（1）及时开沟排水，降低地下水位。**受洪水长期浸泡的土壤，通气性差，因此水灾过后，应迅速开沟排水，降低地下水位，应迅速开沟排水，尽快改善土壤的通气状况，减轻土壤中有毒物质的危害，并使土温迅速回升。具体要求：沟深 40 厘米、宽 30 厘米左右，沟间距 1.5～2 米。

**（2）及时清除漂浮物。**退水后，洪水中的漂浮物，常在地势低洼处残留，如不及时清除，则易导致作物病虫害的蔓延，甚至诱发人畜传染病等。

**（3）整地。**在表层土壤放干后进行土壤翻耕，翻耕深度在 25～30 厘米。整地一般可结合土壤翻耕，要求不留大土块，土地平整。

**（4）土壤消毒。**土壤受洪水浸泡后可能带有各种各样的病源，因此在排除土壤中的积水、土壤放干后应结合翻耕和整地用生石灰、石灰氮或多菌灵等进行消毒，消除土壤中的病原体，停止其蔓延。

## 3. 水灾后果园土壤管理需注意哪些方面？

**（1）及时排水。** 山区果园，应及时排空树盘中的水，平原果园，因排水不畅，在水灾过后应迅速开沟排水，尽快改善土壤的通气状况，避免根系进一步受损。具体要求：顺种植行，开排水沟，沟深40厘米、宽30厘米左右，沟间距视树间距而定。

**（2）中耕松土和施肥。** 待土壤放干后，应及时中耕，以改善土壤的通气状况，中耕时应注意适当增加深度，并尽量将土壤混匀、土块捣碎。中耕的目的一方面是保持土壤水分和提高土壤的透气性，另一方面，促进根系产生新生根，增强果树的吸收能力。中耕的同时，进行追果树膨大肥，要求穴施，做到有机无机相结合，该次施肥应占到全年肥料的30%。全年推荐施肥量为，每产100千克果实，施有机肥或农家肥100千克、纯氮1.2千克、纯五氧化二磷0.4千克、纯氧化钾1.0千克。

**（3）夏剪。** 积水排干后，要及时夏剪，一方面，提高果园的通透性，增强通风透光能力，减轻灾后病虫害的发生；另一方面，调整根冠比，让光合产物更多地流向根系，促进根系复壮。

**（4）土壤消毒。** 土壤受洪水浸泡后可能带有各种各样的病源，因此在排除土壤中的积水、土壤放干后应结合中耕施用生石灰或多菌灵进行消毒，消除土壤中的病原体，停止其蔓延。

## 4. 水灾后大田作物的土壤管理要点需注意哪些方面？

**（1）及时开沟，降低地下水位。** 一是适当加大沟间距，一般可保持在2~4米，沟深50厘米左右；二是沿田块四周开围沟，并做到沟沟相通，排水流畅。

**（2）适当晾田。** 作物受水浸泡后，根系生长较差，一定要注意改善土壤的通气性。除及时开沟排水外，还要晒田，并要晒透，排除过多水分，使土壤充分放干。需要注意的是，雨后突然放晴，温度骤升时设施蔬菜应及时进行遮阴降温，防止叶片蒸腾作用加剧、受损根系供水不足导致的植株急性萎蔫。

（3）**适时中耕**。待土壤放干后，应抓紧时间及时中耕，以改善土壤的通气状况，中耕时应注意适当增加深度，并注意尽量将土壤混匀、土块捣碎，同时，根据土壤及作物生长等实际情况，应考虑增加中耕1～2次。

（4）**早施追肥和进行叶面施肥**。施肥可结合中耕进行。根部施肥应做到有机肥与无机肥相结合。叶面施肥要趁早，叶面肥要选择含有有机成分的水溶肥，如含氨基酸水溶肥、含腐殖酸水溶肥和有机水溶肥，特别是含有小分子糖的水溶肥，比如含海藻酸有机水溶肥，能够促进作物根系生长，修复受损的根系。

## 5. 灾后土壤的水分管理原则有哪些？

（1）**勤灌水，灌少水**。被淹作物生长后期耗水较多，应及时补充水分，以满足作物生长的需要。提倡勤灌水、灌少水，达到"手捏成团，触地即散"的干湿度，以保持土壤维持良好的通气状况。有能力的菜地、果园选择水肥一体化进行灌溉和施肥。

（2）**灌水方法**。洪灾后，土壤结构较差，地下水位也较高，凡有排水沟的应利用排水沟来灌水，这样不仅对土壤结构破坏较小，而且不会过量。

## 6. 如何掌握水灾后的补种原则？

8月底前退水，可以改种大棚菜，如菜花、黄瓜、西葫芦、莴笋、芹菜、蒜苗等。有条件者应尽量采取网、膜覆盖的设施避雨栽培。可选择品种有：番茄、辣椒、茄子、黄瓜、甘蓝、豇豆、萝卜、鲜食玉米等。

注意事项：①要抢早播种，越早越好，水退到哪，补种到哪；②增加密度，以密补晚；③选择品种要充分考虑市场需求。

图书在版编目（CIP）数据

山东 12396 农业科学技术问题服务选编 / 王剑非，王磊主编 . —北京：中国农业出版社，2020.8
ISBN 978-7-109-27119-7

Ⅰ. ①山… Ⅱ. ①王… ②王… Ⅲ. ①农业技术—问题解答 Ⅳ. ①S-44

中国版本图书馆 CIP 数据核字（2020）第 135488 号

**山东 12396 农业科学技术问题服务选编**
SHANDONG 12396 NONGYE KEXUE JISHU WENTI FUWU XUANBIAN

中国农业出版社出版

地址：北京市朝阳区麦子店街 18 号楼
邮编：100125
责任编辑：李　蕊　阎莎莎
版式设计：王　晨　　责任校对：赵　硕
印刷：中农印务有限公司
版次：2020 年 8 月第 1 版
印次：2020 年 8 月北京第 1 次印刷
发行：新华书店北京发行所
开本：880mm×1230mm　1/32
印张：5.25
字数：130 千字
定价：32.00 元